Como Mentir com Estatística

Como Mentir com Estatística

Darrell Huff

ILUSTRADO POR
Irving Geis

TRADUÇÃO DE BRUNO CASOTTI

Copyright © 1954 by Darrell Huff e Irving Geis
Copyright da tradução © 2016 by Bruno Casotti

TÍTULO ORIGINAL
How to Lie with Statistics

PREPARAÇÃO
Marluce Faria
Rayana Faria

REVISÃO
Gabriel Machado

DESIGN DE CAPA, DIAGRAMAÇÃO E LETTERING
ô de casa

CIP-BRASIL. CATALOGAÇÃO NA PUBLICAÇÃO
SINDICATO NACIONAL DOS EDITORES DE LIVROS, RJ

H885c

Huff, Darrell, 1913-2001
    Como mentir com estatística / Darrell Huff ; ilustração Irving Geis ;
tradução Bruno Casotti. - 1. ed. - Rio de Janeiro : Intrínseca, 2016.
    160 p. : il. ; 21 cm.

    Tradução de: How to lie with statistics
    ISBN 978-85-8057-952-9

    1. Pesquisa eleitoral - Métodos estatísticos. 2. Propaganda política. 3.
Cultura política - História. I. Geis, Irving. II. Casotti, Bruno. III. Título.

16-32242   CDD: 324.9
                                  CDU: 324

[2016]
Todos os direitos desta edição reservados à
Editora Intrínseca Ltda.
Av. das Américas, 500, bloco 12, sala 303
22640-904 – Barra da Tijuca
Rio de Janeiro – RJ
Tel./Fax: (21) 3206-7400
www.intrinseca.com.br

Existem três tipos de mentiras: as mentiras, as mentiras deslavadas e as estatísticas.

— Disraeli

O pensamento estatístico um dia será tão necessário para a cidadania eficiente quanto a capacidade de ler e escrever.

— H. G. Wells

Não são bem as coisas que não sabemos que nos causam problemas. São as coisas que sabemos que não são assim.

— Artemus Ward

Números redondos são sempre falsos.

— Samuel Johnson

Tenho um ótimo assunto [estatística] sobre o qual escrever, mas sinto profundamente minha incapacidade de torná-lo inteligível sem sacrificar a precisão e o rigor.

— Sir Francis Galton

Para minha esposa
POR BONS MOTIVOS

Sumário

Prefácio à edição brasileira	11
Agradecimentos	13
Introdução	15
1. A amostra com tendenciosidade embutida	19
2. A média bem escolhida	36
3. Os numerozinhos que não estão ali	47
4. Muito barulho por praticamente nada	64
5. O gráfico exagerado	71
6. A figura unidimensional	77
7. O número semiligado	86
8. *Post hoc* está de volta	99
9. Como estatisticular	113
10. Como contestar uma estatística	136
Sobre o autor	159
Sobre o ilustrador	159

Prefácio à edição brasileira

Como mentir com estatística é um verdadeiro clássico que foi primeiramente publicado nos Estados Unidos em 1954. Desde então teve várias publicações no exterior e no Brasil, consolidando-se pelo estilo direto e agradável de apresentar um tema considerado árido por muitos: a estatística. Em que pese o impacto causado sobre os exemplos por sessenta anos desde sua primeira edição, os conceitos apresentados ainda são extremamente válidos e devem servir como referência para todos que realizam análises de dados, que apresentarão os resultados de tais análises e, não menos importante, todos aqueles que serão *consumidores* dos resultados de tais análises. O autor consegue mostrar de forma muito direta como números que parecem tão fortes são na realidade frágeis, quando não totalmente falsos, castelos de areia que ruirão após uma análise detalhada e desprovida de ideias preconcebidas. Tudo isso com a contribuição das divertidas e consagradas ilustrações de Irving Geis, que acompanham o texto de Huff desde a primeira edição.

Dentre os vários aspectos abordados, há os erros cometidos em pesquisas por amostragem, o uso inapropriado do conceito de média, a manipulação consciente ou não de gráficos para causar um determinado impacto, a confusão entre correlação e relação de causa e efeito, dentre vários outros casos.

Especialmente importante para qualquer pessoa, cidadão, contribuinte ou eleitor é a última seção do livro, em que Huff mostra "Como contestar uma estatística": seguindo cinco recomendações simples, pode-se identificar a falácia por trás da bombástica divulgação da superação de metas de um programa governamental, ou do extremo crescimento de um candidato na última pesquisa de opinião eleitoral, ou ainda as tentativas de desviar a atenção no comunicado de uma empresa responsável por um desastre ecológico, indicando que ela plantou duas mil mudas de árvores nativas (embora o desastre tenha exterminado muitas vezes mais este número de árvores adultas).

Leitura indispensável para jornalistas, blogueiros, engenheiros, analistas de mercado, economistas, pesquisadores das mais diversas áreas: para analisar números dos governos, estatísticas da internet, relatórios de pesquisas de mercado e de opinião e conclusões de estudos científicos. Não é demasiada ousadia afirmar que é um livro muito importante para a formação intelectual de qualquer pessoa.

Marcelo Menezes Reis, chefe do Departamento de Informática e Estatística da Universidade Federal de Santa Catarina.

Agradecimentos

Os PEQUENOS exemplos de deslizes e trapaças com os quais este livro está salpicado foram amplamente compilados, e não sem assistência. Após um apelo de minha parte à Associação Americana de Estatística, vários profissionais do ramo — que, acreditem, desprezam o mau uso de estatísticas com a mesma intensidade que qualquer pessoa viva — enviaram-me itens de suas coleções. Suponho que essas pessoas ficarão satisfeitas por não serem identificadas aqui. Também encontrei exemplos valiosos em diversos livros, principalmente nos seguintes: *Business Statistics*, de Martin A. Brumbaugh e Lester S. Kellogg; *Gauging Public Opinion*, de Hadley Cantril; *Graphic Presentation*, de Willard Cope Brinton; *Practical Business Statistics*, de Frederick E. Croxton e Dudley J. Cowden; *Basic Statistics*, de George Simpson e Fritz Kafka; e *Elementary Statistical Methods*, de Helen M. Walker.

Introdução

"Há uma alta taxa de criminalidade aqui", disse meu sogro pouco depois de se mudar de Iowa para a Califórnia. E realmente havia — no jornal que ele lia. Era um daqueles jornais que não deixavam passar nenhum crime em sua área e era conhecido por dar mais atenção a um assassinato em Iowa do que o principal diário da região onde o delito acontecera.

De maneira informal, a conclusão de meu sogro era de cunho estatístico. Baseava-se em uma amostra — uma amostra extremamente tendenciosa. Assim como muitas outras estatísticas sofisticadas, pecava pela semiligação: presumia que o espaço no jornal às reportagens sobre crimes era uma medida real da taxa de criminalidade.

Alguns invernos atrás, doze cientistas relataram, de forma independente, dados sobre comprimidos anti-histamínicos. Todos mostraram que um percentual considerável de resfriados melhorava depois de algum tipo de tratamento. Houve um grande rebuliço, pelo menos nas propagandas, e um crescimento súbito na oferta de medicamentos. Baseavam-se em uma eterna esperança e em uma curiosa recusa em enxergar, para além das estatísticas, um fato conhecido de longa data. Como observou há algum tempo Henry G. Felsen, um humorista sem qualquer autoridade médica, um tratamento apropriado cura um resfriado em sete dias, mas, se deixado em paz, ele vai durar uma semana.

O mesmo acontece com grande parte do que você lê e ouve. Médias, relações, tendências e gráficos nem sempre são o que parecem. Pode haver mais coisas do que o olho vê, e pode haver bem menos.

A linguagem secreta da estatística, tão atraente em uma cultura voltada para os fatos, é empregada para apelar, inflar, confundir e levar a simplificações exageradas. Métodos e termos estatísticos são necessários para relatar dados de tendências sociais e econômicas, condições de negócios, pesquisas de opinião e censos. No entanto, sem redatores que usem as palavras com honestidade e conhecimento, e sem leitores que saibam o que elas significam, o resultado só pode ser um absurdo semântico.

Em textos populares sobre assuntos científicos, a estatística corrompida está quase banindo a figura do herói de jaleco branco que trabalha além do expediente, sem receber hora extra, num laboratório mal iluminado. Assim como "um pouquinho de maquiagem e um potinho de loção", as estatísticas fazem com que muitos fatos importantes "pareçam o que não são". Uma estatística bem-arrumada é melhor do que a "grande mentira" de Hitler: ela engana, mas a culpa não pode ser atribuída a você.

Este livro é uma espécie de cartilha de como usar estatísticas para enganar. No geral, pode parecer muito com um manual para trapaceiros. Talvez eu possa justificá-lo como faria um ladrão aposentado, cujas memórias publicadas equivalem a um curso de pós-graduação sobre como arrombar um cadeado e andar por aí sem ser notado: os trambiqueiros já conhecem esses truques; os homens honestos precisam aprendê-los para se defenderem.

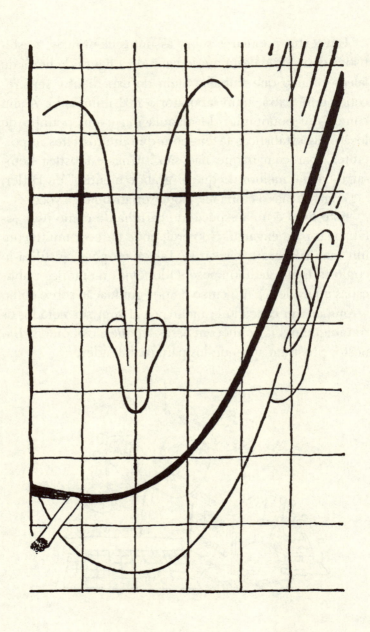

CAPÍTULO 1
A amostra com tendenciosidade embutida

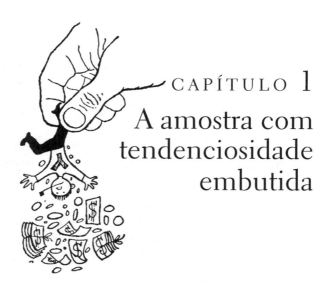

"Em média, um ex-aluno de Yale da turma de 1924 ganha 25.111 dólares por ano", observou certa vez a revista *Time*, comentando algo publicado no *Sun* de Nova York.

Bem, parabéns para ele!

Mas espere um pouco. O que esse número impressionante significa? Seria, ao que parece, uma prova de que, caso mande seu filho para Yale, você e seu cônjuge não precisarão trabalhar na velhice?

Duas coisas nesse número se destacam ao primeiro olhar suspeito. É um dado surpreendentemente preciso. E é implausivelmente positivo.

Há uma chance pequena de que a renda média de qualquer grupo amplamente distribuído seja conhecida com tamanha exatidão. É improvável, inclusive, que você mesmo saiba de forma tão precisa sua própria renda no ano passado, a não ser que provenha toda de um salário. E, em geral, rendas de 25 mil dólares não derivam apenas de um salário; normalmente as pessoas dessa faixa têm investimentos bem diversificados.

Além disso, essa média adorável é, sem dúvida, calculada a partir das quantias que os egressos de Yale *disseram* ganhar. Embora houvesse um sistema de honra em New Haven em 1924, não podemos assegurar que ele funcione tão bem após um quarto de século a ponto de todos esses relatos serem honestos. Algumas pessoas, quando questionadas sobre sua renda, acabam exagerando por vaidade ou otimismo. Outras minimizam, sobretudo nas declarações de imposto de renda, lamentavelmente; e depois de fazerem isso podem hesitar e se contradizer em algum outro registro. Quem sabe o que os fiscais da receita poderão ver? É possível que essas duas tendências — aumentar e diminuir o valor recebido — se anulem, mas isso é bastante improvável. Uma tendência pode ser bem mais forte do que a outra, e não temos como saber qual se sobrepõe.

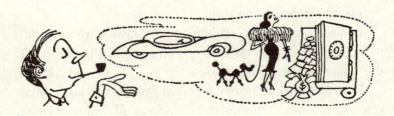

Começamos então a explicar um número que, segundo o bom senso, dificilmente representa a verdade. Agora va-

COMO MENTIR COM ESTATÍSTICA

mos identificar a provável fonte do erro maior, uma fonte que pode apresentar 25.111 dólares como a "renda média" de alguns homens cuja média real pode muito bem estar mais próxima da metade.

Essa fonte é o procedimento de amostragem, o coração da maioria das estatísticas que encontramos sobre todo tipo de assunto. Sua base é simples, embora os refinamentos, na prática, levem aos mais diversos desvios, alguns não muito respeitáveis. Se você tem um barril de feijões, alguns pretos e outros brancos, só há uma maneira de descobrir exatamente quantos grãos de cada cor você tem: contá-los. Porém, você pode descobrir de um modo muito mais fácil a quantia aproximada de feijões pretos: pegando um punhado de grãos, contando apenas os pretos que houver e calculando que a proporção será a mesma no barril todo. Se sua amostra for grande o bastante e escolhida de forma apropriada, representará bem o barril todo para a maioria dos propósitos. Se não for, poderá ser muito menos precisa do que qualquer estimativa inteligente, sem nada que a torne confiável além do ar falso de precisão científica. A triste verdade é que as conclusões a partir dessas amostras, sejam elas tendenciosas, reduzidas demais ou as duas coisas, estão por trás de grande parte daquilo que lemos ou achamos que sabemos.

O relato sobre os ex-alunos de Yale provém de uma amostra. Podemos ter certeza disso, pois a razão nos diz que ninguém conseguiria entrar em contato com todos os membros vivos da turma de 1924. Sem dúvida o endereço de muitos deles se perdeu 25 anos depois.

Além disso, muitos dos que têm endereços conhecidos não responderiam a um questionário, principalmente com perguntas tão pessoais. Em relação a alguns tipos de questionário enviados pelo correio, uma taxa de retorno de 5% a 10% é considerada bem alta. Esse pode ter tido resultado melhor, mas certamente nada nem perto de 100%.

Então descobrimos que o valor da renda se baseia em uma amostra composta por todos os membros da turma que responderam ao questionário e cujos endereços são conhecidos. Trata-se de uma amostra representativa? Ou seja, será que é possível considerar que esse grupo tem uma renda igual à do grupo não representado — aqueles que não foram encontrados ou que não responderam?

Quem são as ovelhas perdidas dos registros de Yale que constam como "endereço desconhecido"? Seriam aquelas com renda elevada — os homens de Wall Street, os diretores de corporações, os executivos de indústrias e serviços públicos? Não, não seria difícil obter o endereço dos ricos. Muitos dos membros mais prósperos da turma podem ser encontrados no *Who's Who in America* e em outros livros de referência, mesmo que tenham deixado de manter contato com a associação de ex-alunos. Uma boa suposição é a de que os nomes perdidos sejam de homens que, 25 anos após se formarem em Yale, não cumpriram nenhuma promessa de futuro brilhante. São os funcionários de escritórios, mecânicos, mendigos, alcoólatras desempregados, escritores e artistas que mal conseguem pagar as contas... Pessoas que precisariam de seis anos ou mais para chegar à renda de 25.111 dólares. Esses homens não participam com muita frequência de reencontros da turma, até porque não têm condições de pagar pela viagem.

Quem são aqueles que jogaram o questionário na lixeira mais próxima? Não há como saber ao certo, mas uma suposição pelo menos razoável é a de que muitos não estão ganhando dinheiro suficiente para que possam se gabar. Eles são um pouco como o sujeito que encontrou um bilhete grampeado junto a seu primeiro contracheque, aconselhando que mantivesse em segredo o valor de seu salário e não o transformasse em objeto de troca de confidências no escritório. "Não se preocupe", disse ele ao chefe. "Tenho tanta vergonha disso quanto você."

Fica claro que a amostra omitiu os dois grupos com maior probabilidade de reduzir a média. O valor de 25.111 dólares está começando a se explicar. Se esse número é verdadeiro para alguma coisa, é apenas para os membros daquele grupo especial da turma de 1924 cujos endereços são conhecidos e que se dispõem a declarar quanto ganham. E mesmo isso requer a suposição de que os cavalheiros estão dizendo a verdade.

Uma suposição como essa não deve ser feita de maneira leviana. A experiência com um tipo de estudo de amostragem — a pesquisa de mercado — sugere que, na maior parte das vezes, ela nem sequer pode ser feita. Em certa ocasião, foi realizada uma pesquisa de porta em porta com o objetivo de analisar os hábitos de leitura de revistas, e a pergunta principal era: quais são as revistas que você lê em casa? Quando os resultados foram tabelados e avaliados, parecia que muita gente adorava a *Harper's*, revista de cultura geral, e nem tantos liam a *True Story*, revista de histórias pessoais. Porém, na época, os números das editoras mos-

COMO MENTIR COM ESTATÍSTICA

travam muito claramente que a *True Story* tinha uma tiragem de milhões de exemplares, enquanto a da *Harper's* era de centenas de milhares. "Talvez tenhamos perguntado às pessoas erradas", refletiram os criadores da pesquisa. Mas não, as perguntas haviam sido feitas em todo tipo de bairro pelo país inteiro. A única conclusão razoável, então, era a de que muitos respondentes não tinham dito a verdade. Tudo o que a pesquisa revelara era um alto índice de esnobismo.

No fim, verificou-se que, se alguém quisesse saber o que certas pessoas liam, de nada adiantava perguntar a elas. Seria possível descobrir muito mais indo à casa delas com a proposta de comprar revistas velhas e perguntar quais elas tinham. Depois, era só contar as *Yale Reviews* e as *Love Romances*. É claro que nem esse artifício dúbio diria o que as pessoas liam, apenas apontaria as publicações a que foram expostas.

De forma semelhante, da próxima vez que você ler em algum lugar que o americano médio (você ouve muito sobre ele hoje em dia, e a maior parte do que escuta é ligeiramente improvável) escova os dentes 1,02 vez por dia — um número que acabei de inventar, mas que é tão bom quanto qualquer outro —, faça a si mesmo uma pergunta: como é que alguém pode ter descoberto uma coisa dessas? Será que uma mulher que esteve em contato com inúmeras propagandas dizendo que quem não escova os dentes é um transgressor social confessaria a um estranho que não escova os dentes regularmente? A estatística pode fazer sentido para alguém que queira saber apenas o que as pessoas dizem sobre a escovação de dentes, mas não revela muito sobre a frequência com que as cerdas são esfregadas no incisivo.

Dizem que um rio não pode subir para além de sua nascente. Bem, isso talvez seja possível se houver uma estação de bombeamento escondida em algum lugar. É igualmente verdade que o resultado de um estudo de amostragem não se refere a nada além da amostra na qual se baseia. Quando os dados são filtrados ao longo de camadas de manipulação estatística e reduzidos a uma média decimal, o resultado começa a ganhar uma aura de convicção que poderia ser desfeita se houvesse um olhar mais aproximado na amostragem.

A descoberta precoce do câncer salva vidas? É provável. Mas, com base nos números comumente utilizados para provar essa informação, o melhor que se pode dizer é que eles não provam nada. Tais números — encontrados no Registro de Tumores do Estado de Connecticut — partem de 1935 e parecem mostrar um aumento substancial no índice de sobrevivência em cinco anos, daquele ano até 1941. Na verdade, os registros começaram a ser feitos em 1941, e tudo o que é anterior foi obtido rastreando o passado. Muitos pacientes haviam saído de Connecticut, e não é possível saber se estavam vivos ou mortos. De acordo com Leonard Engel, repórter especializado em medicina, a tendenciosidade embutida que se cria com isso é "suficiente para explicar quase todo o suposto aumento no índice de sobrevivência".

Para ter mais valor, um relatório baseado em amostragem deve utilizar um grupo representativo, ou seja, aquele do qual todas as fontes de tendenciosidade foram removidas. É aí que nosso número de Yale mostra não ter credibilidade. É aí também que muitas coisas que você lê em jornais e revistas revelam sua inerente falta de sentido.

Um psiquiatra relatou certa vez que praticamente todo mundo é neurótico. Afora o fato de que tal uso esvazia qualquer sentido da palavra "neurótico", dê uma olhada em sua amostra. Quem o psiquiatra vem observando? Ele chegou a essa edificante conclusão estudando seus pacientes, que estão muito longe de serem uma amostra da população. Se fosse um homem sadio, nosso psiquiatra jamais o conheceria.

Analise mais a fundo as coisas que lê e poderá evitar aprender um monte de coisas que não são verdadeiras.

Vale a pena ter em mente também que a confiabilidade de uma amostra pode ser destruída facilmente por fontes de tendenciosidade invisíveis e visíveis. Ou seja, mesmo que você não consiga achar uma fonte de tendenciosidade demonstrável, permita-se algum grau de ceticismo em relação aos resultados enquanto houver uma chance real de tendenciosidade. Sempre há. As eleições presidenciais de 1948 e 1952 nos Estados Unidos foram suficientes para provar isso, se havia alguma dúvida.

Para ainda mais evidências, volte ao ano de 1936, até o famoso fiasco da *Literary Digest*. Dez milhões de assinantes da *Digest* asseguraram aos editores da condenada publicação que Alf Landon obteria 370 votos dos colégios estaduais e Franklin D. Roosevelt levaria 161, e todos vieram da lista que previra com precisão o resultado da eleição anterior, de 1932. Como uma lista já testada poderia ser tendenciosa? Havia uma tendenciosidade, é claro, conforme teses universitárias e outras investigações verificaram: pessoas que podiam pagar por telefones e assinaturas de revistas em 1936 não representavam o eleitor comum. Economicamente, elas eram um tipo especial de população, uma amostra tendenciosa porque estava cheia de republicanos. A amostra elegeu Landon, mas os eleitores pensavam diferente.

A amostragem básica é a chamada "aleatória". É selecionada por puro acaso em um "universo" — uma palavra usada pelo estatístico para se referir ao todo do qual

a amostra faz parte. A cada dez nomes em sequência, um é puxado de um arquivo de fichas. Cinquenta papeletas são retiradas de um monte. A cada vinte pessoas encontradas na Market Street, uma é entrevistada. (Mas lembre-se de que essa última não é uma amostra da população do mundo, ou dos Estados Unidos ou de São Francisco, mas apenas das pessoas que estavam na Market Street naquela hora. A entrevistadora de uma pesquisa de opinião disse que abordou as pessoas em uma estação de trem porque "todo tipo de gente pode ser encontrado numa estação". Foi preciso apontar para ela que mães de crianças pequenas, por exemplo, talvez estivessem mal representadas ali.)

O desafio da amostragem aleatória é este: será que cada nome ou coisa que pertence ao grupo inteiro tem uma chance igual de estar na amostra?

A amostra puramente aleatória é o único tipo que pode ser examinado com total confiança por meio da teoria estatística, mas há algo inconveniente a seu respeito. É tão difícil e caro obtê-la para finalidades variadas que o alto custo a elimina. Uma substituta mais econômica, quase universalmente usada em campos como pesquisas de opinião e de mercado, é a amostragem aleatória estratificada.

Para obtê-la, deve-se dividir seu universo em vários grupos que sigam a proporção de sua prevalência conhecida. É aí que os problemas começam: a informação colhida sobre a proporção pode não estar correta. Você instrui seus entrevistadores a falar com o mesmo número de negros e brancos, com esses e aqueles percentuais de pessoas em cada uma das várias faixas de renda, com um número específico de agricultores, e por aí em diante. Enquanto isso, o grupo precisa ser dividido igualmente entre pessoas acima e abaixo de quarenta anos de idade.

Isso parece bom, mas o que acontece? Na questão de brancos e negros, o entrevistador agirá corretamente na maioria das vezes. Com relação à renda, poderá cometer mais erros. Quanto aos agricultores, como se classifica um homem que cultiva terras em parte do tempo mas também trabalha na cidade? Até mesmo a questão da idade tem chance de apresentar alguns problemas, que podem ser mais facilmente resolvidos escolhendo-se apenas respondentes que com certeza têm bem menos ou bem mais de quarenta anos. Nesse caso, a amostra será tendenciosa devido à ausência dos grupos de idade de quase quarenta anos e de quarenta e poucos anos. Não tem jeito.

Além de tudo isso, como você consegue uma amostra aleatória dentro da estratificação? O óbvio é começar com uma lista de todas as pessoas e escolher nomes de maneira randômica; mas isso é caro demais. Então você vai para as ruas — e exclui de sua amostra as pessoas que ficam em casa. Você vai de porta em porta durante o dia — e descarta a maioria das pessoas empregadas. Você passa a fazer entrevistas à noite — e negligencia aquelas que vão ao cinema e a boates.

A operação de uma pesquisa de opinião acaba sendo uma longa batalha contra fontes de tendenciosidade, travada o tempo todo por qualquer organização respeitável. O que o leitor dos resultados deve ter em mente é que essa batalha nunca é vencida. Nenhuma conclusão de que "67% dos americanos são contra" isso ou aquilo deve ser lida sem a pergunta persistente: 67% de quais americanos?

Isso acontece com o "volume feminino" do *Relatório Kinsey*, do dr. Alfred C. Kinsey. O problema, como em tudo baseado em amostragem, é como lê-lo (ou como ler seu resumo popular). Há pelo menos três níveis de amostragem envolvidos. As amostras da população do dr. Kinsey (primeiro nível) estão longe de serem aleatórias e podem não ser particularmente representativas, mas são enormes em comparação com qualquer coisa feita antes nesse campo. Assim, seus números devem ser aceitos como reveladores e importantes, embora não necessariamente precisos. É provável que seja mais importante lembrar que qualquer questionário é apenas uma amostra (segundo nível) de perguntas possíveis, e que a resposta dada pela moça não passa de uma amostra (terceiro nível) de suas atitudes e experiências em cada questão.

O tipo de pessoa que forma a equipe de entrevistadores pode mascarar o resultado de maneira interessante. Anos atrás, durante a Segunda Guerra Mundial, o Centro Nacional de Pesquisas de Opinião enviou duas equipes de entrevistadores para fazer três perguntas a quinhentos negros de uma cidade no Sul dos Estados Unidos. Os entrevistadores brancos formavam uma equipe e os negros, a outra.

Uma pergunta era: "Os negros seriam mais bem tratados ou mais maltratados se os japoneses conquistassem os Estados Unidos?" Os entrevistadores negros relataram que 9% dos respondentes disseram "mais bem tratados". Já os entrevistadores brancos revelaram apenas 2%. E enquanto os entrevistadores negros ouviram de apenas 25% que os

COMO MENTIR COM ESTATÍSTICA

negros receberiam um tratamento pior, os entrevistadores brancos chegaram a 45%.

Quando a palavra "japoneses" foi substituída por "nazistas" na pergunta, os resultados foram semelhantes.

A terceira pergunta investigou atitudes que podem se basear em sentimentos revelados pelas duas primeiras. "Você acha mais importante se concentrar em derrotar o Eixo ou em fazer a democracia funcionar melhor aqui em nosso país?" "Derrotar o Eixo" foi a resposta de 39%, de acordo com os entrevistadores negros; e de 62%, de acordo com os brancos.

Aqui está uma tendenciosidade introduzida por fatores desconhecidos. Parece provável que o fator mais efetivo tenha sido uma inclinação que deve ser sempre considerada na hora de interpretar resultados de pesquisas de opinião: o desejo de dar uma resposta agradável. Seria alguma surpresa se, ao responder a uma pergunta com conotações de deslealdade em tempos de guerra, um negro do Sul dissesse a um branco o que pareceria adequado, e não aquilo em que realmente acreditava? Também é possível que os diferentes grupos de entrevistadores tenham escolhido tipos diferentes de pessoas para falar.

De qualquer forma, os resultados são obviamente tendenciosos, a ponto de não terem valor. Você pode julgar por si mesmo quantas outras conclusões baseadas em pesquisas de opinião são tão parciais quanto, tão sem valor quanto — mas sem nenhuma verificação disponível para desmascará-las.

Você tem provas bastante razoáveis se suspeitar que as pesquisas de opinião são tendenciosas em uma direção es-

pecífica, a direção do erro da *Literary Digest*. Essa parcialidade é em relação à pessoa que tem mais dinheiro, mais educação, mais informação e desembaraço, melhor aparência, comportamento mais convencional e hábitos mais estabelecidos do que a média da população que ela é escolhida para representar.

COMO MENTIR COM ESTATÍSTICA

É possível ver com facilidade o que produz isso. Digamos que você seja um profissional incumbido de fazer uma entrevista na esquina de certa rua. Você vê dois homens que parecem se enquadrar na categoria que precisa preencher: cidadãos de mais de quarenta anos e urbanos. Um deles usa roupas limpas, elegantes. O outro está sujo e parece mal-humorado. Como há um trabalho a ser feito, você aborda o camarada de melhor aparência, e seus colegas em todo o país estão tomando decisões semelhantes.

Alguns dos sentimentos mais fortes contra as pesquisas de opinião são encontrados em círculos liberais ou de esquerda, nos quais é bastante comum acreditar que as pesquisas em geral são manipuladas. Por trás dessa visão está o fato de que, com muita frequência, os resultados deixam de corresponder às opiniões e aos desejos daqueles cujo pensamento não segue a direção conservadora. As pesquisas, observam eles, costumam eleger republicanos, mesmo quando os eleitores fazem o oposto logo depois.

Na verdade, conforme vimos, não é necessário que uma pesquisa seja manipulada — quer dizer, que os resultados sejam deliberadamente distorcidos com o objetivo de criar uma impressão falsa. A inclinação da amostra em ser tendenciosa nessa direção consistente pode manipulá-la de forma automática.

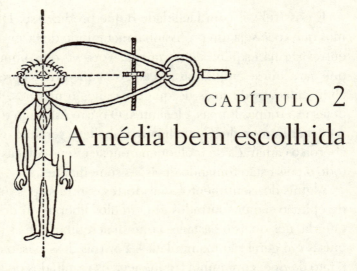

CAPÍTULO 2
A média bem escolhida

Você, ACREDITO eu, não é uma pessoa esnobe, e eu com certeza não estou no mercado imobiliário. Mas digamos que eu trabalhe no mercado imobiliário e que você seja esnobe e esteja procurando uma propriedade para comprar ao longo de uma estrada não muito distante do vale da Califórnia, onde eu moro.

Depois de avaliar você, eu me esforço para informar que a renda média nesse bairro é de cerca de 15 mil dólares por ano. Talvez isso assegure seu interesse em morar aqui; de qualquer modo, você compra a propriedade e esse simpático número fica grudado em sua cabeça. Uma vez que concordamos que você é um pouco esnobe, é provável que você cite essa cifra casualmente quando fala com seus amigos sobre onde está morando.

Mais ou menos um ano depois, nós nos encontramos de novo. Como membro de uma comissão de contribuintes, es-

COMO MENTIR COM ESTATÍSTICA

tou circulando uma petição para manter a alíquota do imposto baixa, ou as avaliações dos imóveis baixas, ou o preço da passagem de ônibus baixo. Meu argumento é que não temos condições de arcar com um aumento, afinal, a renda média nesse bairro é de apenas 3.500 dólares por ano. Talvez você concorde comigo e com a minha comissão — você não é apenas esnobe, é pão-duro também —, mas não consegue evitar a surpresa ao me ouvir falar desses míseros 3.500 dólares. Estou mentindo agora ou estava mentindo no ano anterior?

Você não pode me culpar em nenhuma das duas ocasiões. Essa é a beleza essencial de mentir com estatísticas. Os dois números são médias legítimas, legalmente alcançadas. Ambos representam os mesmos dados, as mesmas pessoas, as mesmas rendas. Ainda assim, é óbvio que pelo menos um deles engana tanto que rivaliza com uma mentira perfeita.

Meu truque foi usar um tipo de média diferente em cada uma das vezes, já que a palavra "média" tem um sentido bastante flexível. É um truque bastante usado — às vezes de maneira inocente, mas com frequência de propósito — por indivíduos que têm como objetivo influenciar a opinião pública ou vender espaços de propaganda. Quando lhe dizem que algo é uma média, você ainda não sabe muito bem do que se trata, a não ser que possa descobrir de qual tipo de média estamos falando — se é média aritmética, mediana ou modal.

O número de 15 mil dólares que usei quando quis um valor alto é a média — uma média aritmética da renda de todas as famílias do bairro. Você a obtém somando todas as rendas e dividindo o resultado pelo número de famílias. O número menor (3.500) é a mediana e, portanto, diz a você que metade das famílias em questão recebe mais de 3.500 dólares por ano e a outra metade menos do que isso. Eu também posso ter usado a moda, que é o número encontrado com mais frequência em uma série. Se nesse bairro há mais famílias com renda de 5 mil dólares por ano do que com qualquer outra quantia, 5 mil dólares por ano é a renda modal.

Nesse caso, como geralmente acontece com dados sobre rendas, uma média inadequada não significa quase nada. Um fator que contribui para a confusão é que, para alguns tipos de informação, todas as médias (aritmética, mediana e modal) são tão próximas entre si que, para propósitos casuais, talvez não seja essencial distingui-las.

Se você lê que a altura média dos homens de algum grupo é de apenas 1,52 metro, fica com uma ideia razoavelmente boa da estatura dessas pessoas. Não precisa perguntar se essa média é aritmética, mediana ou modal; os resultados seriam mais ou menos os mesmos. (É claro que, se você tem um empreendimento que fabrica macacões para esses homens, vai

COMO MENTIR COM ESTATÍSTICA

querer mais informações do que as que podem ser encontradas em cada uma dessas médias. Isso tem a ver com variações e desvios, que abordaremos no próximo capítulo.)

As diferentes médias são próximas entre si quando você lida com dados — como aqueles relacionados a muitas características humanas — que têm a graça de se situar perto do que é chamado de distribuição normal. Se você desenhar uma curva para representá-la, obterá algo no formato de um sino, e a média, a mediana e a moda se situarão no mesmo ponto.

Consequentemente, um tipo de média é tão bom quanto o outro para descrever a altura dos homens, mas não para descrever seus bolsos. Se você listar a renda anual de todas as famílias de uma determinada cidade, vai verificar que os números variam de quase nada a talvez uns 50 mil dólares, e pode encontrar algumas receitas muito altas. Mais de 95% das rendas estariam abaixo dos 10 mil dólares, o que as coloca bem mais para o lado esquerdo da curva. Em vez de simétrica como um sino, ela seria assimétrica. Seu formato seria mais ou menos como o de um escorrega infantil, com a escada se elevando abruptamente até o topo e a rampa descendo de forma gradual. A média aritmética estaria a uma boa distância da mediana. Você pode ver o que isso faria com a validade de qualquer comparação entre a "média" (aritmética) de um ano e a "média" (mediana) de outro.

No bairro onde vendi uma propriedade para você, as duas médias são distantes uma da outra porque a distribuição é consideravelmente assimétrica. O que acontece é que, em sua maioria, os vizinhos são pequenos agricultores ou assalariados que trabalham em uma vila próxima ou, ainda, idosos que vivem da aposentadoria. Mas três habitantes são milionários que passam os fins de semana ali. Esses três elevam imensamente a renda total e, como consequência, a média aritmética. Eles a elevam para um número bem maior do que a maioria das pessoas da vizinhança possui. Você tem, na realidade, um caso que soa como uma piada ou uma figura de linguagem: quase todo mundo está abaixo da média.

É por isso que, quando você lê um anúncio de um executivo de uma corporação ou um proprietário de um negócio dizendo que o salário médio das pessoas que trabalham em seu estabelecimento é alto, esse número pode ou não significar alguma coisa. Se a média é mediana, você pode descobrir algo relevante: metade dos funcionários ganha mais do que aquilo e a outra metade ganha menos. Mas, se for uma média aritmética (e, acredite, pode ser que sua natureza não seja especificada), talvez a informação não seja mais reveladora do que uma média tirada entre uma renda de 45 mil dólares — a do proprietário — e os salários de uma equipe de trabalhadores mal remunerados. A frase "salário anual médio de 5.700 dólares" pode esconder tanto os salários de 2 mil dólares quanto o lucro do proprietário, recebido na forma de uma remuneração colossal.

COMO MENTIR COM ESTATÍSTICA 41

Vamos examinar um pouco mais esse caso. A próxima página mostra quantas pessoas ganham quanto. O chefe pode expressar a situação como "salário médio de 5.700 dólares" — usando aquela média aritmética enganadora. A moda, porém, revela ainda mais: a remuneração mais comum nesse negócio é de 2 mil dólares por ano. Como sempre, a mediana diz mais sobre a situação do que qualquer outro número: metade das pessoas ganha mais de 3 mil dólares e a outra metade, menos.

Isso pode se transformar em um artifício vantajoso, segundo o qual quanto pior a história, melhor ela parece, como está ilustrado nas declarações de algumas empresas. Vamos dar uma olhadinha em uma delas.

Você é um dos três sócios de uma pequena fábrica. Está agora no fim de um ano muito bom. Pagou 198 mil dólares a noventa funcionários que trabalham produzindo e distribuindo cadeiras, ou seja lá o que você fabrique. Você e seus sócios receberam, cada um, um salário de 11 mil dólares. Verificam que há um lucro anual de 45 mil dólares a ser dividido igualmente entre os três. Como descreverá isso? Para tornar mais fácil de compreender, você põe tudo em forma de médias. Como seus funcionários executam o mesmo tipo de trabalho por remunerações semelhantes, não fará muita diferença se você usar uma média aritmética ou uma mediana. Este é o resultado a que você chega:

Salário médio dos funcionários .... US$ 2.200
Salário médio e lucro dos proprietários ..... US$ 26.000

Parece terrível, não? Vamos tentar de outra maneira.

US$45.000

US$15.000

US$10.000

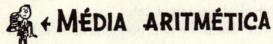
← MÉDIA ARITMÉTICA

US$5.700

US$5.000

US$3.700

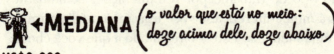
← MEDIANA *(o valor que está no meio: doze acima dele, doze abaixo)*

US$3.000

← MODA *(ocorre com mais frequência)*

US$2.000

Pegue 30 mil dólares do lucro e distribua-os entre os três sócios como um bônus. E, desta vez, quando fizer a média dos salários, inclua você e seus sócios. E certifique-se de usar a média aritmética.

Salário médio .... US$ 2.806,45
Lucro médio dos proprietários .... US$ 5.000

Ah. Assim parece melhor. Não tão bom quanto você poderia fazer parecer, mas bom o bastante. Menos de 6% do dinheiro disponível para salários e lucro foi para o lucro, e você pode ir mais além e mostrar esse dado, se desejar. De qualquer modo, agora conseguiu números que pode publicar, pregar em um quadro de avisos ou usar em negociações.

Isso é bem rudimentar, porque o exemplo é simplificado, mas não é nada se comparado ao que tem sido feito em nome da contabilidade. Considerando uma corporação complexa com hierarquias de funcionários que vão desde o datilógrafo até o presidente com um bônus de centenas de milhares de dólares, todo tipo de coisa pode ser encoberto.

Portanto, quando você vir um número de média salarial, pergunte primeiro: média de quê? Quem está incluído? A United States Steel Corporation afirmou, certa vez, que os ganhos semanais médios de seus funcionários tinham crescido 107% entre 1940 e 1948. Foi o que aconteceu, mas esse aumento magnífico perde parte de sua força quando notamos que o número de 1940 inclui uma quantidade muito maior de pessoas empregadas em meio expediente. Se você trabalha metade do tempo durante um ano e em horário integral no ano seguinte, sua renda dobra, porém isso não indica nenhum aumento no valor da sua hora de trabalho.

Você pode ter lido no jornal que a renda de uma família americana média foi de 3.100 dólares em 1949. Não devemos tirar muitas conclusões a partir desse número, a não ser que também se saiba em que sentido a palavra "família" foi usada, bem como que tipo de média é essa. (E quem diz isso, como essa pessoa sabe e qual é o grau de precisão.)

Esse número, por acaso, veio do Bureau of the Census, agência governamental responsável pelo censo americano. Se você tem o relatório do Bureau, não terá qualquer dificuldade de encontrar ali o restante da informação de que precisa. Trata-se de uma mediana; "família" significa "duas ou mais pessoas relacionadas entre si e morando juntas".

COMO MENTIR COM ESTATÍSTICA

(Se pessoas que moram sozinhas forem incluídas no grupo, a mediana cai para US$ 2.700, que é um número bem diferente.) Você também descobrirá, se ler as tabelas, que o número se baseia em uma amostra de tamanho tal que há dezenove chances em vinte de a estimativa — 3.107 dólares antes de ser arredondada — estar correta, com uma margem de erro de 59 dólares, para mais ou para menos.

Essa probabilidade e essa margem de erro resultam em uma boa estimativa. As pessoas do censo têm habilidade e dinheiro suficientes para dar a seus estudos de amostragem um grau razoável de precisão. Acredita-se que elas não tenham nenhum objetivo escuso particular. Nem todos os números que você vê surgiram em circunstâncias felizes como essa, como também nem todos são acompanhados de informações que mostrem o quanto podem ser precisos ou imprecisos. Trabalharemos mais esse ponto no próximo capítulo.

Por ora, pode ser que você queira testar seu ceticismo em alguns itens da seção "Carta do editor", da revista *Time*. Sobre novos assinantes, o texto dizia: "Sua idade mediana é de 34 anos, e a renda familiar é de 7.270 dólares por ano." Uma pesquisa anterior sobre antigos assinantes verificara que "sua idade mediana era de 41 anos e a renda, de 9.535 dólares". A pergunta natural é: se a mediana é citada para as idades em ambas as vezes, por que o tipo de média para as rendas não é cuidadosamente especificado? Será que, em seu lugar, a média aritmética foi usada por ser maior, mostrando um público leitor mais rico para fisgar anunciantes?

Você também pode fazer o jogo "que tipo de média você é" com a suposta prosperidade dos ex-alunos de Yale de 1924, relatada no início do Capítulo 1.

CAPÍTULO 3
Os numerozinhos que não estão ali

Os USUÁRIOS da pasta de dentes Doakes relatam ter 23% menos cáries, dizem letras garrafais. Como você gostaria de ter menos 23% de dor, continua lendo. Esse resultado, você descobre, provém de um laboratório "independente" confiável, e o cálculo é atestado por um auditor público certificado. O que mais você quer?

Mas, se você não for extraordinariamente ingênuo ou otimista, vai se lembrar, por experiência própria, que uma pasta de dentes quase nunca é muito melhor do que a outra. Então como o pessoal da Doakes relata esses resultados? Será que eles podem escapar impunes depois de contarem mentiras descaradas — e com essas letras garrafais? Não, e nem precisam. Existem maneiras mais fáceis e mais eficientes.

O principal enganador, nesse caso, é a amostra inadequada — quer dizer, estatisticamente inadequada; para o propósito da Doakes, ela é perfeita. O grupo de usuários que fez o teste era formado por apenas uma dúzia de pessoas, como você descobre lendo as letras miúdas. (É necessário dar algum crédito à Doakes por nos oferecer pelo menos uma chance. Alguns anunciantes omitiriam essa informação, deixando até mesmo os estudiosos de estatísticas apenas com uma suposição sobre o tipo de trapaça utilizado. A amostra de uma dúzia também não é tão ruim, do jeito que as coisas andam. Alguns anos atrás, o chamado Dr. Cornish's Tooth Powder [Pó Dental do Dr. Cornish] chegou ao mercado, declarando ter mostrado "considerável sucesso na correção de... cáries". A ideia era que o pó continha ureia, ingrediente que, segundo trabalhos em laboratório supostamente demonstraram, era valioso para esse propósito. A falta de sentido estava no fato de o trabalho experimental ter sido puramente preliminar, realizado em precisamente seis casos.)

Mas vamos voltar à facilidade com que a Doakes consegue obter uma manchete sem uma única mentira e com todas as informações certificadas. Deixe qualquer grupo de pessoas contando cáries durante seis meses, então troque para a Doakes. Uma destas três coisas com certeza vai acontecer: nitidamente mais cáries, nitidamente menos cáries ou mais ou menos o mesmo número. Se a primeira ou a última dessas possibilidades ocorrer, a Doakes & Company arquivará os números (em algum lugar bem escondido) e tentará de novo. Mais cedo ou mais tarde, por força do acaso, um grupo de teste exibirá uma grande melhora digna de uma manchete, e talvez de uma campanha publicitária inteira. Isso acontecerá quer as pessoas adotem a Doakes ou bicabornato de sódio, quer simplesmente continuem usando o creme dental de sempre.

A importância de usar um grupo pequeno é que, com um grupo grande, qualquer diferença produzida por acaso tende a ser pequena e indigna de letras garrafais. Uma afirmação de melhora de 2% não venderá muita pasta de dentes.

A maneira como resultados que não são indicativos de nada podem ser produzidos por puro acaso — considerando um número de casos pequenos — é algo que você pode testar por si mesmo a um custo pequeno. Comece jogando cara ou coroa. Com que frequência dará cara? Metade das vezes, é claro. Todo mundo sabe disso.

Bem, vamos verificar... Joguei a moeda dez vezes e em oito delas deu cara, o que prova que dá cara 80% das vezes. É o que acontece, pelo menos de acordo com as estatísticas de pasta de dentes. Agora tente você. Pode ser que obte-

nha um resultado meio a meio, mas isso provavelmente não acontecerá; há uma boa chance de seu resultado, assim como o meu, ficar bem longe de 50%. Mas, se sua paciência resistir por mil jogadas, é quase certo (embora não totalmente) que o resultado seja muito próximo de meio a meio — ou seja, um resultado que representa a probabilidade real. Apenas quando há um número substancial de tentativas envolvidas é que a lei das médias se mostra uma descrição ou previsão útil.

Quantas tentativas são suficientes? Essa também é uma questão difícil. Depende, entre outras coisas, do tamanho e da variedade da população que estamos estudando por amostragem. E às vezes o número na amostra não é o que parece ser.

Um exemplo marcante surgiu em relação a um teste de vacina contra poliomielite alguns anos atrás. Parecia ser uma experiência de escala extraordinariamente grande, como são as experiências médicas: 450 crianças foram vacinadas em uma comunidade e 680 deixaram de ser vacinadas, como grupo-controle. Pouco depois, a comunidade foi atacada por uma epidemia. Nenhuma das crianças vacinadas apresentou um quadro reconhecível de pólio.

Nem as crianças sem vacina. O que os responsáveis pela experiência haviam ignorado, ou não haviam entendido, ao realizar o experimento era a baixa incidência da poliomielite paralítica. Pelo índice habitual, apenas dois casos da doença seriam esperados em um grupo daquele tamanho, portanto o teste estava condenado desde o início a não ter nenhum sentido. Seria necessário um número de crianças de quinze a vinte vezes maior para se obter uma resposta com alguma relevância.

Muitas descobertas médicas grandiosas — ainda que passageiras — foram lançadas de maneira semelhante. Como disse um médico, "use logo um novo medicamento antes que seja tarde demais".

A culpa nem sempre está apenas na profissão médica. Com frequência, a pressão pública e o jornalismo apressado lançam um tratamento não comprovado, em particular quando a demanda é grande e as informações estatísticas são nebulosas. Foi assim com as vacinas contra resfriado, populares alguns anos atrás, e, mais recentemente, com os anti-histamínicos. Boa parte da popularidade dessas "curas" malsucedidas surgiu da natureza incerta da enfermidade e de um erro de lógica. Com o tempo, um resfriado se cura sozinho.

Como evitar ser enganado por resultados inconclusivos? Será que todo indivíduo deve ser seu próprio estatístico e estudar os dados brutos por si mesmo? Não é preciso chegar a tanto; há um teste de significância que é fácil de entender. Trata-se simplesmente de uma maneira de relatar o quanto é provável que o número apresentado por um teste represente um resultado real, e não algo produzido por acaso. É o numerozinho que não está ali — pela suposição de que você, leitor leigo, não o entenderia. Ou — quando há algum objetivo escuso — pela suposição de que entenderia.

Se a fonte de sua informação também lhe oferecer o grau de significância, você terá uma ideia melhor de onde está pisando. Esse grau de significância é expresso de maneira mais simples como uma probabilidade — como quando o Bureau of the Census lhe diz que existem dezenove chances em vinte de que seus dados tenham um grau de precisão especificado. Para a maioria dos propósitos, nada maior do que esse nível de significância de 5% é

COMO MENTIR COM ESTATÍSTICA 53

bom o bastante. Para alguns, o nível exigido é de 1%, o que significa que existem 99 chances em cem de uma diferença aparente, ou outra coisa qualquer, ser real. Algo com esse tipo de probabilidade é às vezes descrito como "praticamente certo".

Existe outro tipo de numerozinho que não está ali cuja ausência pode ser igualmente prejudicial. É o que diz a faixa de variação ou seu desvio da média apresentada. Com frequência, uma média — seja aritmética ou mediana, especificada ou não especificada — é uma simplificação tão exagerada que não tem nenhuma utilidade. Não saber nada sobre um assunto muitas vezes é mais saudável do que saber o que não é verdadeiro, e saber pouco pode ser perigoso.

De modo geral, uma imensa parte das recentes moradias americanas, por exemplo, foi planejada para se adequar à família estatisticamente média de 3,6 pessoas. Traduzindo para a realidade, isso significa três ou quatro pessoas, o que, por sua vez, significa uma casa de dois quartos. E esse tamanho de família, embora "médio", representa, na verdade, uma minoria entre todas as famílias. "Construímos residências médias para famílias médias", dizem os construtores — negligenciando a maioria das famílias. Algumas áreas, como consequência, têm excesso de casas de dois quartos e déficit de casas menores e maiores. Portanto, é uma estatística cuja imperfeição enganosa teve consequências caras. A American Public Health Association [Associação Americana de Saúde Pública] diz, a esse respeito: "Quando olhamos além da média aritmética, para a verdadeira faixa de variação que ela deturpa, verificamos que as famílias de três e quatro pessoas representam apenas 45% do total. A taxa para uma e duas pessoas é de 35%; 20% das famílias têm mais de quatro pessoas."

De algum modo, o bom senso falhou diante da média convincentemente precisa e impositiva de 3,6. De algum modo, a média teve mais peso do que o que todos sabem a partir de uma simples observação: muitas famílias são pequenas e poucas são grandes.

De forma semelhante, a falta desses numerozinhos no que é chamado de "normas de Gesell" tem causado problemas para papais e mamães. Deixe um pai ou uma mãe ler — como muitos têm feito em páginas como as de seções ilustradas dos jornais de domingo — que "uma criança" aprende a se sentar ereta quanto tem tantos meses de idade, e ele ou ela vai pensar imediatamente no próprio filho. Se a criança não se sentar na idade especificada, o pai ou a mãe concluirá que ele está "atrasado" ou "abaixo do normal" ou outra coisa igualmente detestável. Como metade das crianças certamente não se senta no tempo mencionado, muitos pais ficam infelizes. É claro que, matematicamente falando, essa infelicidade é equilibrada pela alegria dos outros 50% de pais ao descobrirem que seus filhos estão "adiantados". Mas os esforços dos pais infelizes para que seus filhos de adéquem às normas e não fiquem para trás podem causar danos.

Nada disso recai sobre o dr. Arnold Gesell ou seus métodos. A falha está no processo de filtragem, que passa do pesquisador para o repórter sensacionalista ou mal informado e chega ao leitor sem que este veja os números que desapareceram no processo. Uma boa parte do mal-entendido pode ser evitada se for acrescentada à "norma" ou à média uma indicação da faixa de variação. Quando os pais veem que seus filhos estão dentro da faixa de variação normal, deixam de se preocupar com diferenças pequenas ou insignificantes. É difícil alguém ser exatamente normal, assim como cem moedas jogadas raramente darão o resultado exato de cinquenta caras e cinquenta coroas.

Confundir "normal" com "desejável" torna tudo pior ainda. O dr. Gesell simplesmente declarou alguns fatos observados; foram os pais que, ao lerem livros e artigos, concluíram que uma criança que aprende a andar um dia ou um mês depois da média é inferior.

Muitas críticas estúpidas ao relatório bastante conhecido (embora pouco lido) do dr. Alfred Kinsey resultaram da interpretação de "normal" como equivalente a "bom", "certo" ou "desejável". O dr. Kinsey foi acusado de corromper jovens pondo ideias na cabeça deles e, em particular, por chamar de normais diversas práticas sexuais populares, porém moralmente reprováveis. Mas ele simplesmente disse ter verificado que essas atividades eram comuns, que é o que "normal" significa, e não lhes atribuiu qualquer selo de aprovação. Se esses atos eram perversões ou não, isso não estava dentro do que o dr. Kinsey considerava seu campo de estudo. Então ele se deparou com algo que incomoda muitos outros observadores: é perigoso mencionar qualquer assunto que tenha uma grande carga emocional sem dizer, imediatamente, se você é a favor ou contra.

O que há de enganador em relação ao numerozinho que não está ali é que em geral sua ausência não é notada. Esse, é claro, é o segredo de seu sucesso. Os detratores do jornalismo praticado hoje em dia lamentam a falta do bom e antiquado trabalho de ir às ruas, e vociferam contra o "jornalismo de poltrona" dos correspondentes em Washington, que vivem de reescrever sem senso crítico os boletins do

governo. Como uma amostra do jornalismo sem iniciativa, considere o seguinte item de uma lista de "novos desenvolvimentos industriais", publicada na revista de notícias *Fortnight*: "Um novo banho de têmpera fria que triplica a rigidez do aço, da Westinghouse."

Isso soa como um grande desenvolvimento... até que se tente entender o que significa. E então se torna algo tão elusivo quanto uma bola de mercúrio. O novo banho faz qualquer tipo de aço ficar três vezes mais rígido do que era antes do tratamento? Ou produz um aço três vezes mais rígido do que qualquer outro existente? O que o novo banho faz? Parece que o repórter passou adiante algumas palavras sem questionar seu significado, e espera-se que você também as leia sem senso crítico, pela feliz ilusão de ter aprendido alguma coisa que essas palavras proporcionam. Tudo isso lembra bastante uma antiga definição do método de ensino em sala de aula: um processo em que o conteúdo do livro do professor é transferido para o caderno do estudante sem passar pela cabeça de nenhum dos dois.

Alguns minutos atrás, quando eu procurava algo sobre o dr. Kinsey na revista *Time*, deparei-me com outra dessas afirmações que desmoronam após uma análise mais aprofundada. Estava em um anúncio de um grupo de companhias elétricas em 1948. "Hoje, a energia elétrica está disponível em mais de três quartos das fazendas dos Estados Unidos..." Isso parece muito bom. As companhias de luz estão realmente trabalhando. É claro que, se você quisesse ser desagradável, poderia interpretar essa afirmação como: "Hoje, quase um quarto das fazendas nos Estados Unidos não têm energia elétrica disponível." O verdadeiro truque, porém, está na palavra "disponível". Ao utilizá-la, as empresas são capazes de dizer quase tudo que desejem. Obviamente, isso não significa que todos esses fazendeiros realmente possuam energia elétrica. Se assim fosse, sem dúvida o anúncio teria usado essas palavras. Mas informou simplesmente que a energia está "disponível" — e isso, até onde eu sei, pode significar que fios de energia passam pelas fazendas ou a apenas dez ou cem quilômetros de distância.

Deixe-me citar o título de um artigo publicado na *Collier's* em 1952: "Você pode saber *agora* QUANTO SEU FILHO CRESCERÁ." Junto ao artigo, são exibidos ostensivamente dois gráficos — um para meninos e outro para meninas —,

DISPONIBILIDADE DE *Como mentir com estatística* NO MUNDO

Áreas a quarenta quilômetros de uma ferrovia, uma estrada, um porto ou um curso de água navegável (rotas de trenós puxados por cães não são exibidas).

mostrando o percentual de altura máximo que uma criança alcança em cada ano. "Para determinar a altura de seu filho na idade adulta", diz uma legenda, "compare a medida atual com o gráfico".

O engraçado nisso é que o próprio artigo — se você o lê — informa qual é o ponto fraco fatal do gráfico. Nem todas as crianças crescem da mesma maneira. Algumas começam lentamente e depois aceleram; outras disparam por um tempo e depois estabilizam aos poucos; para outras, ainda, o crescimento é um processo relativamente regular. O gráfico, como se pode supor, baseia-se em médias tiradas a partir de um grande número de medições. Para a altura total, ou média, de cem jovens escolhidos aleatoriamente, o gráfico sem dúvida é preciso o bastante, mas um pai ou uma mãe estão interessados em apenas uma determinada altura em um determinado momento, propósito para o qual esse gráfico se mostra praticamente inútil. Se você quiser saber a altura que seu filho terá, pode fazer uma suposição melhor dando uma olhada em seus pais e avós. Esse método não é científico e preciso como o do gráfico, mas é, no mínimo, tão certeiro quanto.

É engraçado perceber que, considerando minha altura registrada quando me matriculei para o treinamento militar no ensino médio, aos catorze anos, e fui parar na fila do pelotão dos garotos mais baixos, eu deveria ter crescido até 1,73 metro. Tenho 1,80 metro. Um erro de sete centímetros na altura humana representa uma estimativa pouco confiável.

Diante de mim estão as embalagens de duas caixas do cereal Grape-Nuts Flakes. São edições ligeiramente diferentes, conforme indicado pelos testemunhos incluídos nas embalagens. Um deles cita o policial Two-Gun Pete, e o outro diz: "Se você quer ser como o caubói Hoppy... tem que comer como o caubói Hoppy!" Ambas apresentam gráficos para mostrar ("Cientistas *provaram* que é verdade!") que esses flocos de cereais "começam a dar energia em dois minutos!" Em uma embalagem, o gráfico, escondido em meio a uma floresta de pontos de exclamação, possui números na lateral; na outra, os números foram omitidos. Isso não é problema, já que não há qualquer pista sobre o que significam. Os dois gráficos mostram uma linha vermelha ("liberação de energia") que sobe abruptamente, mas, em um deles, a linha começa um minuto após a ingestão de Grape-Nuts Flakes e, no outro, dois minutos depois. Uma linha também sobe com o dobro da rapidez da outra, sugerindo que nem mesmo o desenhista pensou que aqueles gráficos significavam alguma coisa.

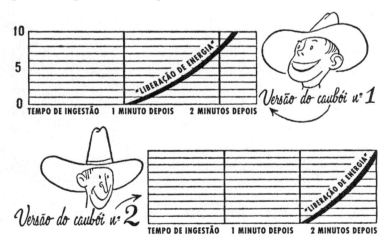

Tamanha tolice só poderia ser encontrada em um material feito para os olhos de um jovem ou de pais sonolentos pela manhã, é claro. Ninguém insultaria a inteligência de um grande empresário com uma estatística boba como essa... ou será que insultaria? Deixe-me contar sobre um gráfico usado para propagandear uma agência de propaganda (espero que isso não esteja ficando confuso), publicado nas colunas um tanto especiais da revista *Fortune*. A linha desse gráfico exibia sua incrível tendência ascendente nos negócios ano a ano. Não havia nenhum dado específico. Com igual honestidade, esse gráfico poderia representar tanto um tremendo crescimento, com os negócios dobrando ou aumentando em milhões de dólares ao ano, quanto um progresso a passos de tartaruga, de uma empresa estagnada que acrescentava apenas um dólar ou dois a seu faturamento anual. Era, porém, uma imagem impressionante.

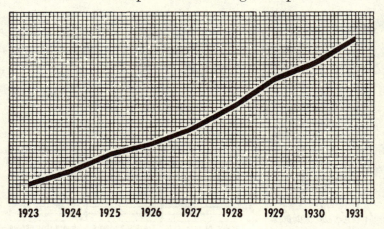

Não leve muita fé em uma média, um gráfico ou uma tendência quando esses dados importantes estiverem faltando. Se você levar, estará tão cego quanto uma pessoa que seleciona uma área para acampar com base apenas em um informe sobre a temperatura média. Você pode considerar 16°C uma média anual confortável, o que na Califórnia lhe daria a opção de escolher entre regiões como o deserto, no interior, e a ilha de San Nicolas, no litoral sul. Contudo, você pode congelar ou torrar se ignorar a faixa de variação de temperatura. Para San Nicolas, é de 8°C a 30°C, mas para o deserto é de -9°C a 40°C.

Oklahoma City pode reivindicar uma temperatura média semelhante nos últimos sessenta anos: 15,6°C. Mas, como você pode ver no gráfico abaixo, esse número fresquinho e confortável esconde uma variação de 72°C.

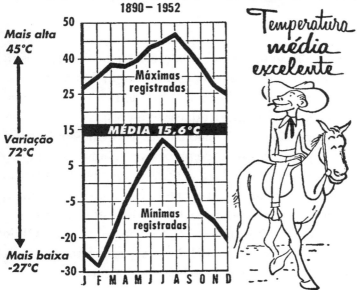

CAPÍTULO 4
Muito barulho por praticamente nada

SE VOCÊ não se importar, começaremos lhe dando dois filhos. Peter e Linda (já que estamos aqui, não custa nada dar nomes da moda) fizeram testes de inteligência, como muitas crianças durante a educação escolar. Testes mentais de todo tipo são um dos maiores fetiches de nossos tempos, portanto pode ser que você precise argumentar um pouco para descobrir os resultados; trata-se de uma informação tão confidencial que é considerada segura apenas nas mãos de psicólogos e educadores, e talvez eles estejam certos em agir dessa forma. Mesmo assim, você descobre que o QI de Peter é 98 e o de Linda, 101. Você sabe, é claro, que o QI se baseia em 100 como a média, ou o "normal".

Rá! Linda é a mais inteligente. Além disso, está acima da média. Peter está abaixo da média, mas não vamos enfatizar *essa parte*.

Conclusões desse tipo são um absurdo total.

Apenas para deixar claro, vamos observar, antes de tudo, que um teste de inteligência não mede exatamente o que, em geral, entendemos por inteligência. O teste ignora características importantes como liderança e imaginação criativa. Não leva em conta o discernimento social nem aptidões musicais, artísticas, entre outras, sem falar em questões de personalidade como empenho e equilíbrio emocional. Como se não bastasse, os testes aplicados com mais frequência nas escolas são do tipo rápido e barato, que dependem bastante da capacidade de leitura de quem o faz; inteligente ou não, o leitor deficiente não tem chance de se sair bem.

Digamos que tenhamos reconhecido tudo isso e que concordemos em considerar o QI simplesmente a medida de uma capacidade — vagamente definida — de lidar com abstrações enlatadas. E que Peter e Linda tenham feito aquele que é considerado o melhor de todos os testes, o

Stanford-Binet Revisado, administrado individualmente e sem exigência de qualquer habilidade de leitura específica.

O que um teste de QI se propõe a oferecer é uma amostragem do intelecto. Como qualquer outro produto do método de amostragem, o QI é um índice numérico com um erro estatístico, o qual expressa a precisão ou a confiabilidade desse índice.

Responder às perguntas do teste equivale mais ou menos ao que você faria se, para estimar a qualidade do milho em um campo, andasse pela área apanhando uma espiga ali e outra acolá aleatoriamente. Depois de descascar e observar, digamos, cem espigas, você teria uma boa ideia a respeito do campo inteiro. Sua informação seria exata o bastante para ser utilizada na comparação desse campo com outro — desde que ambos não fossem muito parecidos. Se fossem, você teria que olhar muito mais espigas e, ao mesmo tempo, classificá-las de acordo com algum padrão de qualidade preciso.

O grau de adequação da sua amostra para representar o campo inteiro é uma medida que pode ser demonstrada em números: o erro provável e o erro padrão.

Suponhamos que você tivesse a tarefa de calcular o tamanho de muitos campos usando como medida seus passos junto às cercas. Você poderia começar verificando a precisão dessa unidade de medida, calculando os passos necessários para percorrer cem metros. Você faria o percurso várias vezes e descobriria que, em média, erraria a medida por três metros. Ou seja, em metade das tentativas, você ficaria a três metros de chegar aos cem exatos, e, na outra metade, ficaria três metros além da medida.

Seu erro provável, portanto, seria de três metros em cem, ou de 3%. A partir daí, cada cerca que medisse cem metros de acordo com seus passos poderia ser registrada como tendo 100 ± 3 metros.

(A maioria dos estatísticos atualmente prefere usar um método de medição diferente, porém comparável, chamado erro padrão. Este leva em conta cerca de dois terços dos casos, em vez da metade exata, e é consideravelmente mais cômodo em termos matemáticos. Para nossos propósitos, podemos seguir com o erro provável, que é o método ainda utilizado em associação com o Stanford-Binet.)

Assim como em nossa medição hipotética por passos, o erro provável encontrado no QI do teste Stanford-Binet é de 3%. Isso não tem nada a ver com o grau de qualidade do teste, apenas com o grau de precisão com que ele mede seja lá o que for. Portanto, o QI indicado para Peter pode ser expresso de maneira mais completa como sendo 98 ± 3, e o de Linda como sendo 101 ± 3.

Isso significa que a chance de o QI de Peter corresponder a qualquer valor entre 95 e 101 é a mesma; é igualmente provável que ele esteja acima ou abaixo dessa estimativa.

Da mesma forma, o QI de Linda tem 50% de probabilidade de estar dentro de uma variação entre 98 e 104. A partir disso, você pode rapidamente entender que há uma chance em quatro de que o QI de Peter esteja acima de 101, e uma chance semelhante de que o QI de Linda esteja abaixo de 98. Nesse caso, Peter não é inferior, mas superior, e por uma margem de algo a partir de três pontos para cima.

O que se depreende disso é que a única maneira de pensar em QI e em muitos outros resultados por amostragem é em termos de faixas de variação. "Normal" não é 100, mas a faixa de 90 a 110, digamos, e faria algum sentido comparar um filho nessa faixa com outro que estivesse em uma faixa inferior ou superior. No entanto, comparações entre índices com pequenas diferenças não fazem sentido. Você sempre deve ter em mente esse "para mais ou para menos", mesmo (ou principalmente) quando isso não for mencionado.

Ignorar esses erros — implícitos em todos os estudos por amostragem — leva a alguns comportamentos notadamente bobos. Há editores de revistas para os quais as pesquisas sobre índice de leitura são evangelhos, sobretudo porque eles não as entendem. Diante de um artigo que teve um índice de leitura de 40% entre homens e outro com apenas 35%, eles encomendam mais artigos como o primeiro.

A diferença entre os índices de leitura de 35% e 40% pode ser importante para uma revista, mas, em uma pesquisa, talvez não seja real. Questões de custo muitas vezes reduzem as amostras de índice de leitura a algumas centenas de pessoas, especialmente depois de eliminado quem não lê a revista. Para uma revista que busca atrair sobre-

COMO MENTIR COM ESTATÍSTICA 69

tudo o público feminino, o número de homens na amostra pode ser muito pequeno. Quando há a divisão em categorias — aqueles que alegam ter lido "todo o artigo", "a maior parte", "alguma coisa" e os que "não leram" —, a conclusão de 35% pode se basear em um grupo bem pequeno. O erro provável escondido por trás de um número apresentado de maneira sensacionalista pode ser tão expressivo que o editor que o utilizasse estaria forçando uma grande barra.

Às vezes, faz-se muito barulho por conta de uma diferença matematicamente verdadeira e demonstrável, mas que, na prática, é pequena a ponto de não ter qualquer importância. Isso desafia o velho ditado de que a diferença só é uma diferença quando faz diferença. Um bom exemplo é o alvoroço por praticamente nada que, com muita eficiência e lucratividade, foi feito pelo pessoal dos cigarros Old Gold.

Tudo começou de maneira inocente, com o editor da *Reader's Digest*, que fuma, embora não veja os cigarros com bons olhos. Sua revista pediu à equipe de um laboratório que analisasse a fumaça de várias marcas de cigarro e publicou os resultados, divulgando o conteúdo de nicotina e outros elementos na fumaça de algumas marcas. A conclusão declarada pela revista e sustentada por números detalhados era de que todas as marcas eram praticamente idênticas e não fazia nenhuma diferença qual delas alguém fumava.

Você pode achar que isso foi um tapa na cara dos fabricantes de cigarros e dos publicitários que inventam novos ângulos para divulgar seu produto. A conclusão parecia derrubar todas as alegações propagandistas de que não arranham a garganta nem afetam a zona T do rosto.

Mas alguém notou algo diferente. Nas listas de quantidades quase idênticas de substâncias prejudiciais, um cigarro tinha que estar na última posição, e este vinha a ser o Old Gold. Logo, telegramas foram enviados e grandes anúncios apareceram em jornais com as maiores letras possíveis. Os títulos e os textos diziam que, de todos os cigarros testados por aquela grande revista de circulação nacional, o Old Gold era o que tinha a menor quantidade de substâncias indesejáveis na fumaça. Foram excluídos todos os números e qualquer pista de que a diferença era, na verdade, desprezível.

Por fim, o pessoal do Old Gold recebeu uma ordem para "cessar e desistir" da propaganda enganosa. Isso não fez nenhuma diferença; o benefício já fora sugado da ideia havia muito tempo. Como diz a *New Yorker*, sempre existirá um publicitário.

CAPÍTULO 5
O gráfico exagerado

HÁ TERROR nos números. Muita gente não estenderia aos números a confiança que Humpty Dumpty tem ao dizer a Alice que as palavras continham o significado que ele desejasse. Talvez soframos de um trauma induzido pela aritmética dos tempos de escola.

Qualquer que seja o motivo, isso cria um problema real para o escritor que anseia por ser lido, para o publicitário que espera que seu texto venda produtos, para o editor que quer que seus livros ou revistas sejam populares. Quando os números em formato de tabela são um tabu e as palavras não fazem seu trabalho muito bem, como ocorre com frequência, resta uma saída: faça um desenho.

O tipo mais simples de figura estatística, ou gráfico, é o linear. É muito útil para mostrar tendências, algo que praticamente todo mundo está interessado em exibir, conhecer, identificar, desqualificar ou prever. Vamos deixar nosso gráfico mostrar que a renda nacional aumentou 10% em um ano.

Comece com um papel quadriculado. Distribua os meses ao longo da parte de baixo. Indique os bilhões de dólares na lateral. Marque seus pontos, trace sua linha, e seu gráfico terá a seguinte aparência:

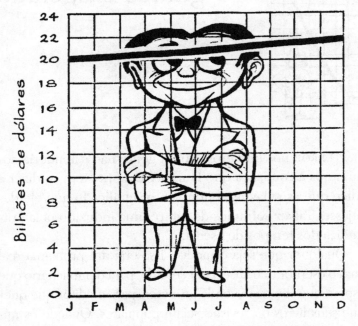

Agora já está bem claro. A figura mostra o que aconteceu durante o ano, especificado mês a mês. Tudo pode ser visto e compreendido facilmente, porque o gráfico inteiro está proporcional e há uma linha zero embaixo para efeito de comparação. Seus 10% *parecem* 10% — uma tendência de alta substancial, mas talvez não impressionante.

Isso seria muito bom se você quisesse apenas transmitir informação. Mas suponha que desejasse vencer uma discussão, chocar um leitor, levá-lo a agir, vender-lhe alguma coisa. Para isso, falta dramaticidade no gráfico. Corte a parte de baixo.

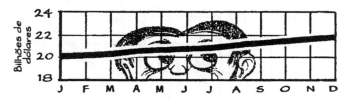

Agora está melhor. (Você economizou papel também, algo para argumentar caso um crítico diga que seu gráfico é enganador.) As figuras são as mesmas, bem como a curva. Trata-se do mesmo gráfico. Nada foi falsificado — exceto a impressão que ele dá. Mas o que o leitor apressado vê agora é uma linha de renda nacional que subiu meio caminho no papel em doze meses. Isso porque a maior parte do gráfico não está mais ali. Assim como o texto com lacunas que você precisava preencher nas aulas de gramática, o gráfico é "entendido". É claro que o olho não "entende" o que não está ali, e uma subida pequena se torna, visualmente, uma subida grande.

Agora que você praticou os efeitos da enganação, por que parar por aí? Há outro truque disponível que vale dez vezes mais do que o anterior. Ele fará seu modesto aumento de 10% parecer mais vigoroso do que um aumento de 100% pareceria por direito. É só mudar a proporção entre a ordenada e a abscissa. Não há nenhuma regra que proíba isso, e seu gráfico ficará com um formato mais bonito.

Tudo o que você precisa fazer é deixar cada marca na lateral corresponder a apenas um décimo da quantidade de dólares indicada anteriormente.

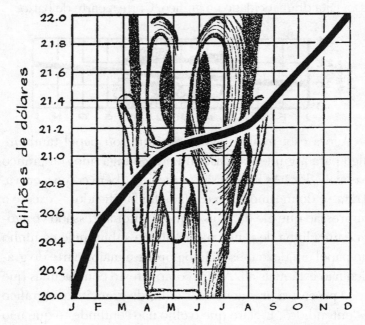

Isso *é* impressionante, não é mesmo? Qualquer pessoa que olhar esse gráfico só poderá sentir a prosperidade pulsando nas artérias do país. Trata-se de um equivalente mais sutil da edição da frase "A renda nacional subiu 10%" para "... subiu colossais 10%". E é muito mais eficaz, porque não contém nenhum adjetivo ou advérbio para estragar a ilusão de objetividade. Ninguém pode acusar você de nada.

E você está em boa — ou pelo menos respeitável — companhia. A revista *Newsweek* usou esse método para mostrar

COMO MENTIR COM ESTATÍSTICA

que "Ações atingiram a cotação mais alta em 21 anos", em 1951, cortando o gráfico na marca de 80. Em 1952, um anúncio da Columbia Gas System na *Time* reproduziu um gráfico "de nosso novo Relatório Anual". Se você lesse os números miúdos e os analisasse, descobriria que, durante um período de dez anos, o custo de vida subiu aproximadamente 60%, enquanto o custo do gás caiu 4%. Este é um quadro favorável, mas aparentemente não o bastante para a Columbia Gas. Eles cortaram o gráfico na marca dos 90% (sem nenhuma lacuna ou outra indicação para o leitor), de modo que o que os seus olhos lhe diziam era: o custo de vida mais do que triplicou e o do gás diminuiu um terço!

Companhias siderúrgicas usaram métodos igualmente enganadores em seus gráficos, na tentativa de colocar a opinião pública contra o aumento de salários. Mas o método estava longe de ser novo, e sua impropriedade fora demonstrada muito antes — e não apenas em publicações técnicas para estatísticos. Em 1938, um redator da *Dun's Review* reproduziu o gráfico de um anúncio que defendia a propaganda em Washington, com um argumento belamente exposto no título: FOLHA DE PAGAMENTO DO GOVERNO AUMENTA! A frase continha um ponto de exclamação, mas não os números que ela representava. O que mostravam era um aumento de 19,5 milhões de dólares para 20,2 milhões de dólares. Contudo, a linha vermelha subia abruptamente da base do gráfico para o topo, fazendo o aumento de 4% parecer superior a 400%. Ao lado, a revista dava sua própria versão em gráfico dos mesmos números — uma linha vermelha honesta que

subia apenas 4%, sob o seguinte título: FOLHA DE PAGA-
MENTO DO GOVERNO ESTÁVEL!

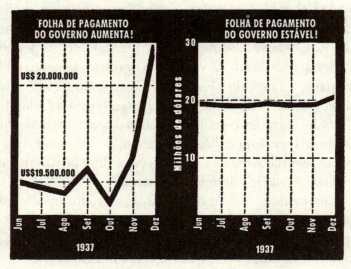

A *Collier's* usou esse mesmo tratamento para compor um gráfico de barras em um anúncio de jornal, em 24 de abril de 1953. Observe sobretudo que o meio do gráfico foi cortado:

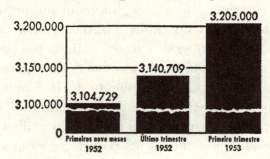

CAPÍTULO 6
A figura unidimensional

HÁ MAIS ou menos uma década, você ouvia falar bastante de *little people* [pessoas pequenas], termo que representava praticamente todos nós. Quando começou a soar pejorativo demais, nós nos tornamos o homem comum. Logo isso também foi esquecido, o que provavelmente foi bom. Mas o homenzinho ainda está conosco. Ele é o personagem do gráfico.

Gráficos em que um homenzinho representa um milhão de homens, em que um saco de dinheiro ou uma pilha de moedas significam mil ou um bilhão de dólares, ou em que o desenho de um boi simboliza o abastecimento de carne no próximo ano são gráficos pictóricos. Trata-se de um recurso útil. Temo que possua algo conhecido como apelo visual. E pode se tornar um mentiroso eloquente, sorrateiro e bem-sucedido.

78   DARRELL HUFF

O pai do gráfico pictórico, ou pictograma, é o gráfico de barras comum, um método simples e popular de representar quando se comparam duas ou mais quantidades. Um gráfico de barras também é capaz de enganar. Olhe com suspeita qualquer versão em que as barras mudem de largura, bem como de comprimento, ao exporem um único fator, ou que mostre objetos tridimensionais cujos volumes não são facilmente comparáveis. Um gráfico de barras cortado tem, e merece ter, exatamente a mesma reputação do gráfico linear cortado sobre o qual falamos. O habitat do gráfico de barras é o livro de geografia, o balanço financeiro de uma empresa e a revista de notícias. Isso também vale para seus derivados que possuem apelo visual.

Eu gostaria de mostrar uma comparação entre dois números — os salários semanais médios dos carpinteiros nos Estados Unidos e na Rotúndia, digamos. As quantias podem ser de 60 e 30 dólares. Como quero atrair sua atenção, não me satisfaço simplesmente imprimindo os números. Projeto um gráfico de barras. (A propósito, se os 60 dólares não correspondem à fortuna que você gastou quando sua varanda precisou de um novo corrimão no verão passado, lembre-se de que seu carpinteiro pode não ter ganhado tão bem em outras semanas quanto ganhou com você. De qualquer modo, eu não disse que tipo de média tenho em mente nem como cheguei até ela, portanto fazer objeções não levará você a lugar algum. Está vendo como é fácil se esconder atrás da estatística mais infame quando não incluímos nenhuma outra informação? Você provavelmente adivinhou que eu inventei essa estatística a título de exemplo, mas aposto que isso não aconteceria se eu tivesse usado 59,83 dólares em vez de 60.)

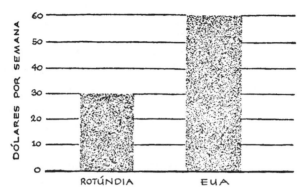

Aí está, com os dólares por semana indicados no lado esquerdo. É uma figura clara e honesta. O dobro da quantia em dinheiro é o dobro do tamanho no gráfico, e a aparência é compatível.

Falta ao gráfico, porém, aquele apelo visual, não é? Posso facilmente resolver isso usando algo que pareça mais com dinheiro do que uma barra: sacos de dinheiro. Um saco de dinheiro para a ninharia do rotundiano infeliz e dois para o americano. Ou três para o rotundiano e seis para o americano. De um jeito ou de outro, o gráfico continua sendo honesto e claro, e não enganará seu olhar apressado. É assim que se faz um pictograma honesto.

Eu ficaria satisfeito se minha intenção fosse somente comunicar uma informação. Só que eu quero mais. Quero dizer que o trabalhador americano é muito melhor do que o rotundiano, e, quanto mais eu puder dramatizar a diferença entre trinta e sessenta, melhor será para meu argumento. Para falar a verdade (o que, obviamente, é o que não pretendo fazer), minha intenção é que você deduza alguma coisa, saia com uma impressão exagerada, mas não quero ser pego com meus truques. Há uma maneira, e está sendo usada todos os dias para enganar você.

Simplesmente desenho um saco de dinheiro que representa os 30 dólares do rotundiano e depois desenho outro com o dobro da altura para representar os 60 dólares do americano. Está proporcional, não? Agora *isso* dá a impressão que estou procurando. O salário do americano agora ofusca o do estrangeiro.

A armadilha é essa, claro. Como o segundo saco tem o dobro da altura do primeiro, ele tem também o dobro da largura. Ocupa não o dobro da área da página, mas sim o

COMO MENTIR COM ESTATÍSTICA   81

quádruplo. Os números ainda dizem "dois para um", porém a impressão visual — na maioria das vezes dominante — diz que a proporção é de quatro para um. Ou pior. Como são figuras de objetos que na realidade têm três dimensões, a segunda figura também teria o dobro da espessura da primeira. Como os livros de geometria explicam, os volumes de sólidos semelhantes variam na proporção ao cubo de qualquer dimensão similar. Dois vezes dois vezes dois são oito. Se um saco de dinheiro guarda 30 dólares, o outro, por ter oito vezes o volume, deve guardar não 60, mas 240 dólares.

E essa é, de fato, a impressão que meu pequeno e engenhoso gráfico passa. Embora diga "o dobro", deixei a impressão permanente de uma esmagadora proporção de oito para um.

Será difícil você me acusar de qualquer intenção criminosa. Só estou fazendo o que muitas outras pessoas fazem. A revista *Newsweek* fez — e com sacos de dinheiro também.

O American Iron and Steel Institute [Instituto Americano do Ferro e do Aço] fez isso com um par de altos-fornos. A ideia era mostrar como a produção de aço da indústria havia aumentado entre os anos 1930 e 1940 e, assim, indicar que estavam fazendo um trabalho tão bom por conta própria que nenhuma interferência do governo seria necessária. Há mais mérito no princípio do que na maneira como isso foi apresentado. O primeiro alto-forno, representando a capacidade de dez milhões de toneladas acrescentada nos anos 1930, foi desenhado com pouco mais de dois terços da altura do segundo, que representava a capacidade de 14,25 milhões de toneladas acrescentada nos anos 1940. Os olhos viam dois fornos, um deles com quase o triplo do tamanho do outro. Dizer "quase um e meio" para que se escute "três" — isso é o que a figura unidimensional pode fazer.

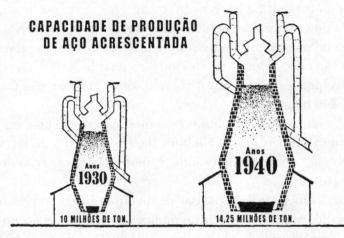

Adaptado por cortesia da Steelways

Essa obra de arte do instituto tinha alguns outros pontos interessantes. De algum modo, horizontalmente o segundo forno se alargara para além da proporção de seu vizinho, e a barra horizontal preta, sugerindo ferro derretido, tornara-se duas vezes e meia mais longa do que na década anterior. Aqui se apresentou um aumento de 50%, depois desenhado como 150% para dar uma impressão visual de mais de 1.500% — a não ser que eu e minha régua de cálculo saibamos muito pouco. A aritmética se torna uma fantasia.

(É quase uma indelicadeza mencionar que a mesma página do brilhoso papel de quatro cores oferece um exemplar — de razoável a excelente — do gráfico linear cortado. Uma curva exagera o crescimento per capita da capacidade de produção de aço, eliminando a metade inferior do gráfico. Isso economiza papel e duplica a proporção da subida.)

Alguns desses casos podem não ser mais do que o resultado de desenhos malfeitos. Mas em geral é como dar um troco errado: quando todos os erros favorecem o caixa, você não consegue evitar a desconfiança.

A *Newsweek* certa vez mostrou como os "idosos dos Estados Unidos envelhecem", por meio de um gráfico com duas figuras masculinas. Enquanto a primeira representava a expectativa de vida atual, de 68,2 anos, a segunda exibia a de 1879-1889, de 34 anos. Foi a história de sempre: uma figura tinha o dobro da altura da outra e, portanto, teria oito vezes seu volume ou seu peso. A imagem exagerava os fatos para tornar a história mais atraente. Eu chamaria de sensacionalista essa forma de jornalismo. A mesma edição da revista continha um gráfico linear cortado, ou exagerado.

A VACA CRESCENTE

Há ainda outro tipo de perigo quando se varia o tamanho dos objetos em um gráfico. Aparentemente, em 1860 havia mais de oito milhões de vacas nos Estados Unidos e, em 1936, mais de 25 milhões. Mostrar esse aumento desenhando duas vacas, uma delas com o triplo da altura

O RINOCERONTE DECRESCENTE

1515

1936

COMO MENTIR COM ESTATÍSTICA   85

da outra, seria uma forma de exagerar a impressão. Mas o efeito sobre aquele que vê a página apressadamente pode ser ainda mais estranho: ele facilmente ficaria com a ideia de que as vacas agora são maiores do que costumavam ser.

Aplique a mesma técnica enganadora ao que aconteceu com a população de rinocerontes, e é só observar o resultado na figura anterior. Ogden Nash já rimou *rinocerurdo* com *absurdo*.[1] Esta também é a palavra que define o método.

---

1 No poema "Carnival of the Animals", Nash rima *rhinosterous* com *preposterous* (N. do T.)

CAPÍTULO 7
O número semiligado

SE VOCÊ não consegue provar o que deseja, demonstre alguma outra coisa e finja que são equivalentes. Em meio à confusão resultante do choque entre as estatísticas e a mente humana, dificilmente alguém notará a diferença. O número semiligado é um artifício garantido para deixá-lo em posição de vantagem. Sempre foi.

Você não pode provar que sua panaceia cura resfriados, mas pode publicar (em letras grandes) o relatório de um laboratório reconhecido, segundo o qual meio grama da sua substância foi capaz de matar 31.108 germes em um tubo de ensaio em onze segundos. Antes de fazer isso, certifique-se de que o laboratório seja respeitável ou tenha um nome que impressiona. Reproduza o relatório inteiro. Fotografe um modelo com estilo de médico, de roupa branca, e ponha a foto dele junto ao relatório.

COMO MENTIR COM ESTATÍSTICA 87

Mas não mencione os vários truques na história. Não cabe a você — certo? — observar que um antisséptico que funciona bem em um tubo de ensaio talvez não tenha um bom desempenho no corpo humano, principalmente depois de diluído para que não queime o tecido da garganta. Não confunda a questão dizendo que tipo de germe você matou. Quem sabe qual é o germe que causa os resfriados? (Até porque, provavelmente, nem um germe ele é.)

Na verdade, não há nenhuma ligação conhecida entre os diversos germes reunidos em um tubo de ensaio e seja lá o que for a causa dos resfriados, mas as pessoas não vão raciocinar tão bem assim, sobretudo quando estiverem de nariz entupido.

Talvez esse exemplo seja óbvio demais e as pessoas estejam começando a perceber, embora não seja tão perceptível segundo as propagandas. De qualquer modo, eis uma versão mais malandra.

Digamos que, durante um período em que o preconceito racial está aumentando, você seja incumbido de "provar" o contrário. Não é uma tarefa difícil. Faça uma pesquisa de opinião ou, melhor ainda, peça que a pesquisa seja feita por uma organização renomada. Pergunte àquela habitual fatia da população se ela acha que os negros têm chances tão boas quanto os brancos de conseguir emprego. Repita sua pesquisa após intervalos de tempo, de modo que você tenha uma tendência para relatar.

O Princeton's Office of Public Opinion Research [Departamento de Pesquisas de Opinião Pública de Princeton] certa vez fez um teste com essa pergunta. O resultado apresentou evidências interessantes de que as coisas, especialmente em pesquisas de opinião, nem sempre são o que parecem. A pergunta sobre empregos era acompanhada de perguntas destinadas a descobrir se os entrevistados tinham um preconceito forte contra os negros. Como se concluiu, as pessoas mais preconceituosas tinham uma probabilidade maior de responder "Sim" à pergunta sobre oportunidades de emprego. (Descobriu-se que, para dois terços daquelas que não exibiram preconceito, os negros não tinham chances tão boas de conseguir emprego quanto os brancos; e, para dois terços dos preconceituosos, os negros tinham oportunidades iguais.) Ficou claro que, com essa pesquisa, aprenderíamos muito pouco sobre condições de emprego para negros, embora fosse possível aprender algumas coisas interessantes sobre as atitudes raciais de um indivíduo.

Assim, você pode entender que, se o preconceito estiver aumentando durante o período de sua pesquisa, haverá um número cada vez maior de respostas indicando que os negros têm chances tão boas quanto os brancos de conseguir emprego. Então você anuncia o resultado: sua pesquisa mostra que os negros estão recebendo um tratamento cada vez mais justo.

Você obteve algo extraordinário por meio do uso cuidadoso de um número semiligado. Quanto piores as coisas ficam, melhores sua pesquisa as faz parecer.

Veja este exemplo: "27% de uma grande amostra de médicos eminentes fumavam cigarros Throaties — mais do que qualquer outra marca." O número em si pode ser falso, é claro, de várias maneiras, mas isso realmente não faz diferença. A única resposta para um número tão irrelevante é: "E daí?" Com todo o respeito pela profissão, será que os médicos sabem mais sobre marcas de cigarro do que você? Será que têm informações privilegiadas que lhes permitem escolher o cigarro menos prejudicial? É claro que não, e seu médico seria o primeiro a dizer isso. Mas os "27%", de algum modo, conseguem soar como se significassem alguma coisa.

Agora subtraia 1% e considere o caso do espremedor de frutas. Foi amplamente anunciado como artifício de vendas que o aparelho "extrai 26% a mais de suco", conforme "comprovado em teste de laboratório" e "atestado pelo Good Housekeeping Institute".

Isso soa muito bem. Se um espremedor de frutas é 26% mais eficiente, por que comprar qualquer outro? Bem, sem levar em conta o fato de que "testes de laboratório" (em especial "testes de um laboratório independente") comprovam algumas das coisas mais inacreditáveis, o que exatamente esse número significa? Vinte e seis por cento a mais em relação a quê? Como depois foi explicado, significava simplesmente que o espremedor extraía uma quantidade maior de suco do que um antiquado espremedor manual. Não havia ligação com os dados que você queria ter antes de comprar o aparelho; o espremedor podia ser o

90 DARRELL HUFF

pior do mercado. Além de serem precisos de forma bastante suspeita, esses 26% são totalmente irrelevantes.

Os anunciantes não são as únicas pessoas que vão enganá-lo com números se você permitir. Um artigo sobre segurança ao volante publicado na revista *This Week*, sem dúvida pensando apenas no seu bem-estar, afirmava o que poderia lhe acontecer caso sofresse uma colisão na estrada a 110 quilômetros por hora, capotando. Em comparação com o horário de sete da noite, você teria uma chance quatro vezes maior de continuar vivo se o acidente ocorresse às sete da manhã. A evidência: "Fatalidades em estradas ocorrem quatro vezes mais às sete da noite do que às sete da manhã." Isso é verdade por aproximação, mas a conclusão não procede. Morrem mais pessoas à noite do que de manhã simplesmente porque mais pessoas estão nas estradas à noite para falecerem. Você, um único motorista, pode correr um perigo maior à noite, porém não há nada nesses dados que prove uma coisa ou outra.

Com o mesmo tipo de raciocínio absurdo utilizado pelo autor do artigo, você pode mostrar que o tempo claro é mais perigoso do que a neblina. Ocorrem mais acidentes quando o céu está aberto porque esse tempo é mais frequente. Ainda assim, dirigir sob neblina pode ser muito mais perigoso.

Você pode usar estatísticas sobre acidentes para morrer de medo de qualquer meio de transporte... se deixar de notar o quanto os números estão mal associados.

Morreram mais pessoas em aviões no ano passado do que em 1910. Portanto, os aviões modernos seriam mais perigo-

sos? Isso não faz o menor sentido. O número de pessoas que pegam aviões hoje em dia é centenas de vezes maior, só isso. Relatou-se que o número de mortes associadas a ferrovias em um ano recente foi de 4.712. Parece um bom argumento para manter distância de trens, talvez para se apegar a seu automóvel. Contudo, quando você investiga para saber mais, descobre que esse dado tem um significado bem diferente. Quase metade dessas vítimas era de motoristas de carros que bateram em trens em cruzamentos. A maior parte das outras estava pegando carona clandestinamente no trem. Apenas 132 das 4.712 eram passageiros. E mesmo esse número não tem muito valor para fins de comparação se não estiver associado ao total de quilômetros percorridos por passageiro.

Se você está preocupado com suas chances de morrer em uma viagem de costa a costa, não conseguirá muita informação relevante questionando se foram os trens, os aviões ou os carros que mataram mais gente no ano anterior. Pegue a proporção, investigando o número de mortes em cada milhão de quilômetros percorridos por passageiro. É o mais próximo que se conseguirá chegar de saber onde estão seus maiores riscos.

Há muitas outras formas de fazer a contagem de uma coisa e depois relatá-la como se fosse outra. O método geral é pegar dois aspectos que pareçam — mas não são — iguais. Como gerente de recursos humanos de uma empresa que está brigando contra um sindicato, você "faz uma sondagem" com os funcionários para descobrir quantos têm uma queixa da associação. A não ser que o sindicato seja uma legião de anjos chefiados por um arcanjo, você pode perguntar e anotar as respostas com perfeita honestidade e vai adquirir uma prova de que a maioria dos funcionários tem, de fato, uma reclamação ou outra. Você registra essas informações em um relatório, afirmando que "a grande maioria — 78% — se opõe ao sindicato". O que você fez foi reunir uma penca de reclamações indiscriminadas e pequenas queixas para depois chamá-las de algo que parece a mesma coisa. Você não provou nada, mas parece que provou, não é?

De certo modo, porém, isso é válido. O sindicato, de maneira igualmente imediata, pode "provar" que praticamente todos os trabalhadores se opõem à forma como a fábrica está sendo dirigida.

Se você quiser continuar a caça aos números semiligados, pode olhar o balanço financeiro de empresas. Procure lucros que talvez pareçam grandes demais e que, portanto, estão escondidos sob outro nome. A revista *Ammunition*, da United Automobile Workers, descreve o artifício da seguinte maneira:

COMO MENTIR COM ESTATÍSTICA 93

O balanço financeiro diz que no ano anterior a empresa teve um lucro de 35 milhões de dólares. Apenas um centavo e meio de cada dólar das vendas. Você sente pena da empresa. Uma lâmpada queima no banheiro. Para substituí-la, a empresa precisa gastar 30 centavos. De uma hora para outra, lá se vai o lucro de uma venda de 20 dólares. Isso faz alguém economizar até a toalha de papel.

Mas a verdade, é claro, é que a empresa relata como lucro apenas metade ou um terço do lucro real. A parte que não é relatada está escondida na depreciação, na depreciação especial e nas reservas para emergências.

Igualmente curioso é o que se faz com percentuais. Durante um recente período de nove meses, a General Motors conseguiu relatar um lucro relativamente modesto (descontados os impostos) de 12,6% nas vendas. Mas, no mesmo período, o lucro da GM com seus investimentos chegou a 44,8%, o que pode parecer bem pior — ou melhor, dependendo do tipo de discussão que você está tentando vencer.

De maneira semelhante, um leitor da revista *Harper's* partiu em defesa das lojas da A&P na seção de cartas, indicando uma renda líquida baixa, de apenas 1,1% sobre as vendas. Ele perguntou: "Será que algum cidadão americano temeria condenação pública como aproveitador... por receber pouco mais de 10 dólares para cada 1.000 dólares investidos durante um ano?"

À primeira vista, esse 1,1% parece quase dolorosamente pequeno. Compare-o com os 4% a 6% ou mais de juros que a maioria de nós conhece bem das prestações de imóveis, empréstimos de bancos e coisas assim. Será que a A&P estaria melhor se saísse do negócio de comestíveis, pusesse seu capital no banco e vivesse de juros?

A armadilha é que o retorno anual do investimento não está na mesma situação ruim dos ganhos sobre o total das vendas. Como respondeu outro leitor em uma edição posterior da *Harper's*, "se eu comprar algo toda manhã por 99 centavos e o vender toda tarde por 1 dólar, ganharei apenas 1% do total das vendas, mas 365% do valor investido durante o ano".

Em geral, há muitas maneiras de expressar qualquer valor. Você pode, por exemplo, relatar exatamente o mesmo fato chamando-o de 1% de retorno das vendas, 15% de retorno do investimento, lucro de dez milhões de dólares, aumento de 40% no lucro (comparado à média de 1935-1939) ou redução de 60% em relação ao ano anterior. O método é escolher aquele que pareça melhor para o propósito no momento e confiar que poucos dos que lerem reconhecerão como isso reflete de maneira imperfeita a situação.

Nem todos os números semiligados são resultado de uma enganação intencional. Muitas estatísticas — inclusive as médicas, que são importantes para todos — têm distorções em virtude de relatos inconsistentes na fonte. Há números incrivelmente contraditórios sobre assuntos delicados como aborto, nascimento de filhos ilegítimos e sífilis. Se olhássemos os últimos números disponíveis sobre gripe e pneumonia, poderíamos chegar à estranha conclusão de que esses males estão praticamente restritos a três estados do Sul dos Estados Unidos, que respondem por cerca de 80% dos casos relatados. O que explica esse percentual é o fato de nesses três estados ser obrigatório reportar os casos de doenças, enquanto os outros já não fazem mais isso.

Alguns números sobre malária significam igualmente pouco. Se antes de 1949 havia centenas de milhares de casos por ano na América do Sul, hoje há um número reduzido, uma mudança saudável e aparentemente importante que ocorreu em apenas alguns anos. Mas o que aconteceu, na verdade, é que os casos agora são registrados só quando a malária é comprovada, enquanto antes a palavra era usada em grande parte da região como um coloquialismo para resfriados.

A taxa de mortalidade na Marinha durante a Guerra Hispano-Americana foi de nove a cada mil. Para civis em Nova York durante o mesmo período, foi de dezesseis para cada mil. Mais tarde, recrutadores usaram esses números para mostrar que era mais seguro estar na Marinha do que fora dela. Suponha que os números sejam precisos, como provavelmente são. Pare um instante e veja se consegue identificar o que faz desse resultado, ou pelo menos da conclusão que os recrutadores extraíram, algo praticamente insignificante.

Os grupos não são comparáveis. A Marinha é formada por homens jovens com reconhecida boa saúde. Uma população civil inclui crianças, idosos e pessoas doentes, todos eles com uma taxa de mortalidade mais elevada onde quer que estejam. Esses números não provam de maneira alguma que os homens que atendem aos padrões da Marinha viverão mais na instituição do que fora dela. E também não provam o contrário.

Pode ser que você tenha ouvido a notícia desanimadora de que 1952 foi o pior ano da poliomielite na história da medicina. Essa conclusão se baseou no que parecem ser todas as evidências de que alguém poderia precisar: houve muito mais casos relatados naquele ano do que antes.

No entanto, quando especialistas voltaram a analisar esses números, descobriram algumas informações mais animadoras. Uma delas era que, em 1952, havia tantas crianças nas idades mais suscetíveis que os casos certamente teriam um número recorde até se a taxa permanecesse a mesma. Outra era que uma conscientização geral sobre a pólio estava levando a diagnósticos e registros mais frequentes de casos leves. Por fim, havia um incentivo financeiro maior, com mais seguros contra a doença e mais auxílio disponibilizado pela National Foundation for Infantile Paralysis [Fundação Nacional para a Paralisia Infantil]. Tudo isso lançou uma dúvida considerável sobre a ideia de que a pólio tivera uma nova alta, e o número total de mortes confirmou a suspeita.

É interessante o fato de que a taxa de mortalidade ou a quantidade de mortes sejam, com frequência, uma medida melhor da incidência de uma doença do que os números

COMO MENTIR COM ESTATÍSTICA

diretos sobre a incidência — simplesmente porque a qualidade dos relatos e da manutenção dos registros é muito maior para casos fatais. Nesse caso, o número obviamente semiligado é melhor do que aquele que, à primeira vista, parece totalmente ligado.

Nos Estados Unidos, o número semiligado vive um grande e súbito aumento a cada quatro anos. Isso indica não que ele seja cíclico por natureza, mas apenas que chegou a época da campanha eleitoral. Uma declaração de campanha emitida pelo Partido Republicano em outubro de 1948 se baseia inteiramente em valores que parecem estar ligados entre si, mas não estão:

> Quando Dewey foi eleito governador, em 1942, o salário mínimo dos professores em alguns distritos era de apenas 900 dólares por ano. Hoje, os professores do ensino básico do estado de Nova York têm os salários mais altos do mundo. Por recomendação do governador Dewey, com base em dados obtidos por intermédio de uma comissão que ele nomeou, o Legislativo, em 1947, utilizou 32 milhões de dólares de um superávit do estado para dar um aumento imediato aos professores do ensino básico. Como resultado, os salários mínimos dos professores da cidade de Nova York variam de 2.500 a 5.325 dólares.

É inteiramente possível que o senhor Dewey tenha provado ser um amigo dos professores, porém esses números não mostram isso. Trata-se do velho truque do "antes e depois", com vários fatores não mencionados sendo introduzidos e parecendo ser o que não são. Aqui você tem um "antes" de 900 dólares e um "depois" de 2.500 a 5.325, o que parece, de fato, uma melhora. Mas o número pequeno é o menor salário em qualquer distrito rural do estado, e os grandes são a faixa de variação apenas na cidade de Nova York. Pode ter havido uma melhora no governo de Dewey, assim como pode não ter havido.

Essa declaração ilustra uma versão estatística da imagem do "antes e depois", um truque comum em revistas e propagandas. Uma sala é fotografada duas vezes para mostrar a grande melhora que uma camada de tinta pode fazer. Contudo, entre uma foto e outra foram acrescentados novos móveis, e às vezes o "antes" é em preto e branco e mal iluminado, enquanto o "depois" é grande e colorido. Ou então duas fotos mostram o que aconteceu quando uma garota começou a usar um produto no cabelo. Nossa! Ela realmente parece melhor depois. Mas a maior parte da mudança, percebe-se após uma análise mais cuidadosa, foi obtida convencendo-a a sorrir e jogando uma luz por trás do cabelo. O crédito é mais do fotógrafo do que do produto propriamente dito.

CAPÍTULO 8
Post hoc está de volta

Há dois relógios que marcam a hora perfeitamente.
Quando "a" indica a hora, "b" bate.
Será que "a" fez "b" bater?

CERTA VEZ, alguém se deu ao grande trabalho de pesquisar se fumantes tiram notas mais baixas na faculdade do que não fumantes. Descobriu-se que sim. O resultado agradou a muitas pessoas, e desde então elas vêm enfatizando bastante essa informação. O caminho para as boas notas, ao que parece, depende de desistir do cigarro; para levar a conclusão a um passo razoável adiante, o fumo deixa a mente embotada.

Esse estudo específico, acredito, foi feito de maneira apropriada: usando uma amostra grande o bastante, escolhida com honestidade e cuidado, com uma correlação de significância elevada, e assim por diante.

A falácia é um recurso bem antigo, mas tem forte tendência a surgir em materiais estatísticos, nos quais é disfarçada por uma confusão de números impressionantes. Corresponde a dizer que, se B acontece depois de A, então A causou B. Está sendo feita uma suposição injustificada de que, como o fumo e as notas baixas andam juntos, o fumo causa notas baixas. Não poderia ser exatamente o oposto? Talvez as notas baixas levem os estudantes não a beber, mas sim ao tabaco. No fim das contas, essa conclusão é mais ou menos tão provável e tão bem sustentada por evidências quanto a outra. Mas não é, nem de perto, tão satisfatória para os propagandistas.

Parece bem mais provável, porém, que nenhuma dessas duas coisas tenha ocasionado a outra, mas sim que ambas sejam produto de um terceiro fator. Será que o camarada do tipo sociável que leva os livros menos a sério tende também a fumar mais? Ou será que existe um indício no fato de ter se estabelecido uma correlação entre extroversão e

COMO MENTIR COM ESTATÍSTICA

notas baixas — uma relação aparentemente mais estreita do que aquela entre notas e inteligência? Talvez os extrovertidos fumem mais do que os introvertidos. A questão é que, quando há muitas explicações razoáveis, dificilmente estamos no direito de escolher uma preferida e insistir nela. Mas muita gente faz isso.

Para não se deixar seduzir pela falácia *post hoc* — segundo a qual um evento é causado por outro que o antecede — e acabar acreditando em muitas coisas que não são verdadeiras, é necessário submeter qualquer afirmativa de relação a uma análise cuidadosa. A correlação — aquele número convincentemente preciso que parece provar que algo é como é devido à influência de outro fator — pode, na verdade, ser de vários tipos.

Um deles é a correlação produzida por acaso. Você pode conseguir organizar um conjunto de números para fundamentar uma hipótese improvável, mas, se tentar de novo, seu próximo conjunto pode gerar uma conclusão diferente. Assim como o fabricante da pasta de dentes que parecia reduzir as cáries, você simplesmente joga fora os resultados que não quer e publica amplamente os que deseja. Com uma amostra pequena, é provável que encontre uma correlação substancial entre qualquer dupla de características ou eventos.

Um tipo comum de covariância é aquele em que a relação é real, mas não é possível saber de fato qual das variáveis é a causa e qual delas é o efeito. Em algumas ocasiões, a causa e o efeito podem trocar de posição de tempos em tempos, ou talvez ambos possam ser a causa e o efeito simultaneamente. Uma correlação entre renda e posse de ações pode ser desse tipo. Quanto mais dinheiro você ganha, mais ações você compra, e quanto mais ações compra, mais renda obtém; não é correto dizer simplesmente que um provocou o outro.

Talvez o mais complicado de todos os tipos seja aquele muito comum em que nenhuma das variáveis tem qualquer efeito sobre a outra, mas, ainda assim, existe uma correlação real. Muitas tramoias têm sido feitas a partir dessa categoria. O caso das notas baixas dos fumantes se encaixa nesse modelo, assim como todas as muitas estatísticas médicas citadas sem a ressalva de que, embora a relação tenha sido demonstrada como real, sua natureza de causa e efeito é apenas uma especulação. Como exemplo da correlação absurda ou espúria que é um fato estatístico real, alguém alegremente citou o seguinte: há uma relação estreita entre o salário de pastores presbiterianos em Massachusetts e o preço do rum em Havana.

Qual dos dois é a causa e qual é o efeito? Em outras palavras, estariam os pastores se beneficiando do comércio de rum ou sustentando-o? Certo. Isso é tão improvável que, à primeira vista, parece ridículo. Mas cuidado com outras aplicações da lógica *post hoc* que se diferem desta apenas por serem mais sutis. No caso dos pastores e do rum, é fácil perceber que os dois números estão aumentando por conta da influência de um terceiro fator: o crescimento histórico e mundial dos preços de praticamente tudo.

E considere os números segundo os quais o índice de suicídios chega ao ápice no mês de junho, verão nos Estados Unidos e época de muitos casamentos. Será que os suicídios originam as noivas de junho, ou os casamentos de junho precipitam os suicídios dos que foram rejeitados? Uma explicação um pouco mais convincente (embora igualmente não provada) é a de que aquele que cultiva sua depressão durante o inverno, pensando que as coisas parecerão melhores na primavera, desiste ao ainda se sentir péssimo quando começa o verão.

Outra coisa para tomar cuidado é a conclusão de que uma correlação deduzida continua para além dos dados com os quais foi demonstrada. É fácil mostrar que, quanto mais chove em uma área, mais o milho cresce ou maior é a colheita. A chuva, ao que parece, é uma bênção. No entanto, uma estação de chuvas muito fortes pode prejudicar ou mesmo arruinar a colheita. A correlação positiva se sustenta até certo ponto, e depois se torna rapidamente negativa. Acima de determinados milímetros, quanto mais chove, menos milho se tem.

Em breve vamos dar um pouco de atenção às evidências sobre o valor monetário da educação. Mas, por enquanto, suponhamos que se provou que pessoas com o ensino médio completo ganham mais dinheiro do que quem abandona a escola, e que cada ano de estudo na faculdade acrescenta um pouco de renda. Cuidado com a conclusão geral de que, quanto mais vai à escola, mais dinheiro você ganha. Observe que não se demonstrou que isso é válido para os anos posteriores à formatura na universidade, e é bem provável que tampouco se aplique a esses anos. Pessoas com ph.D. frequentemente se tornam professores universitários e, portanto, não integram grupos de renda mais alta.

Uma correlação, é claro, mostra uma tendência que muitas vezes não é a relação ideal descrita como "um para um". Meninos altos em geral pesam mais do que meninos baixos, portanto esta é uma correlação positiva. Mas você pode facilmente encontrar um rapaz de 1,80 metro que pesa menos do que alguns de 1,60 metro, portanto a correlação é menor do que 1. Uma correlação negativa é simplesmente uma afirmação de que, conforme uma variável aumenta, a outra tende a diminuir. Em física, isso se torna uma razão inversa: quanto mais você se afasta de uma lâmpada, menos luz terá sobre seu livro; quando a distância aumenta, a intensidade da luz diminui. Essas relações físicas com frequência têm a bondade de produzir correlações perfeitas, porém os números relacionados a negócios, sociologia ou medicina raramente funcionam de maneira tão primorosa. Mesmo que em geral aumente a renda, a educação pode facilmente se revelar a ruína financeira do Joãozinho. Tenha em mente que uma correlação pode ser real e se basear em causa e efeito reais, mas ainda assim ser quase inútil para determinar uma ação em casos específicos.

Incontáveis páginas com dados têm sido reunidas para mostrar o valor do ensino superior em dólares, e pilhas de folhetos são publicadas para levar esses números — e conclusões que mais ou menos os tomam por base — ao conhecimento de potenciais estudantes. Não estou discutindo a intenção. Sou a favor da educação, particularmente se incluir um curso básico de estatística. Agora, esses números demonstraram conclusivamente que as pessoas que fizeram faculdade ganham mais do que as que não fizeram. As exceções são numerosas, é claro, mas a tendência é forte e clara.

O único problema é que, junto com esses números e fatos, há uma conclusão totalmente injustificada. É a falácia *post hoc* em sua melhor forma. Ela diz que, de acordo com esses dados, se *você* (ou seu filho, ou sua filha) frequentar uma faculdade, provavelmente ganhará mais dinheiro do que se decidir passar os próximos quatro anos de outra maneira. Esse ponto de vista injustificado tem como base a conclusão igualmente injustificada de que, como quem tem ensino superior ganha mais dinheiro, isso acontece porque fizeram faculdade. Na verdade, não sabemos nada além do fato de que essas são as pessoas que ganhariam mais dinheiro mesmo sem a universidade. Existem algumas coisas que indicam isso fortemente. As faculdades recebem um número desproporcional de dois grupos de jovens: os inteligentes e os ricos. Os inteligentes podem demonstrar uma boa capacidade de ganhar dinheiro sem os conhecimentos universitários. Quanto aos ricos... bem, dinheiro produz dinheiro de várias maneiras óbvias. Poucos filhos de homens ricos se encontram em grupos de baixa renda, tenham feito faculdade ou não.

O trecho a seguir foi extraído de um artigo em formato de perguntas e respostas publicado na revista *This Week*, suplemento dominical de enorme circulação. Talvez você ache curioso, assim como eu, que o mesmo autor tenha escrito um texto chamado "Noções populares: verdadeiras ou falsas?".

P: Qual é o efeito que frequentar uma faculdade tem sobre suas chances de permanecer solteiro?

R: Se você é mulher, isso aumenta muito suas chances de se tornar uma velha solteira. Mas, se você é homem, tem o efeito oposto: minimiza suas chances de ficar solteiro.

A Universidade de Cornell fez um estudo com pessoas de meia-idade comuns formadas na faculdade. Dos homens, 93% eram casados (comparados a 83% da população em geral).

COMO MENTIR COM ESTATÍSTICA

Contudo, das mulheres, apenas 65% eram casadas. As solteironas eram cerca de três vezes mais numerosas entre as graduadas do que entre as mulheres da população em geral.

Quando Susie Brown, de dezessete anos, leu isso, descobriu que, se for para a faculdade, terá uma probabilidade menor de conseguir um marido do que se não for. É isso o que o artigo diz, e há estatísticas de uma fonte respeitável complementando a tese. Complementam, mas não sustentam; e observe também que, embora as estatísticas sejam da Cornell, as conclusões não são, ainda que um leitor apressado possa ficar com essa impressão.

Aqui, mais uma vez, uma correlação real foi usada para sustentar uma relação de causa e efeito não comprovada. Talvez tudo isso funcione de maneira inversa e essas mulheres tivessem permanecido solteiras mesmo sem fazer faculdade. É possível que até um número maior não teria conseguido se casar. Se essas possibilidades não são melhores do que aquela em que o autor insiste, talvez sejam igualmente válidas como conclusões, ou melhor, suposições.

De fato, há uma evidência sugerindo que a propensão a ficar solteira pode levar uma mulher a fazer faculdade. O dr. Kinsey parece ter encontrado uma correlação entre sexualidade e educação, com características talvez fixadas em uma idade anterior ao ensino superior. Isso torna ainda mais questionável dizer que a universidade é um obstáculo ao matrimônio.

Nota para Susie Brown: isso não necessariamente é verdade.

Um artigo médico certa vez indicou com grande alarde um aumento da incidência de câncer em pessoas que bebiam leite. A doença, pelo visto, estava se tornando cada vez mais frequente na Nova Inglaterra, em Minnesota, em Wisconsin e na Suíça, lugares onde muito leite é produzido e consumido, enquanto continuava raro no Ceilão, onde o leite é escasso. Para oferecer mais evidências, indicava-se que o câncer era menos frequente em alguns estados do Sul dos Estados Unidos onde se consumia menos leite. Mostrava-se também que mulheres inglesas que bebiam leite desenvolviam alguns tipos de câncer com uma frequência dezoito vezes maior do que mulheres japonesas que raramente o bebiam.

Uma pequena investigação pode revelar várias maneiras de explicar esses números, mas um fator é suficiente por si só para apontar suas falhas. O câncer é, predominantemente, uma doença que ataca pessoas de meia-idade ou mais velhas. A Suíça e os estados mencionados eram semelhantes por terem populações com expectativa de vida relativamente elevada. As inglesas, na época em que o estudo foi feito, viviam em média doze anos a mais do que as japonesas.

A professora Helen M. Walker encontrou uma forma divertida de ilustrar como é absurdo supor que há causa e efeito sempre que duas coisas variam juntas. Para investigar a relação entre a idade e algumas características físicas das mulheres, comece medindo o ângulo dos pés ao caminhar. Você verá que o ângulo tende a ser maior nas mulheres mais velhas. Primeiro, você pode pensar se

isso indica que as mulheres envelhecem porque viram os pés para fora, e imediatamente perceberia que se trata de uma ideia ridícula. Portanto, parece que a idade aumenta o ângulo entre os pés, e a maioria delas passa a virá-los mais para fora à medida que envelhece.

Qualquer conclusão desse tipo é provavelmente falsa e com certeza injustificada. Só é possível chegar de modo legítimo a uma conclusão estudando as mesmas mulheres — ou talvez grupos equivalentes — ao longo de um período. Isso eliminaria o fator responsável, ou seja, o de que as mulheres mais velhas viveram uma época em que as garotas eram ensinadas a virar o pé para fora ao caminhar, enquanto os membros do grupo mais jovem cresceram quando essa prática não era mais incentivada.

Quando encontrar alguém — geralmente uma parte interessada — fazendo estardalhaço a respeito de uma correlação, procure verificar antes de tudo se não é um raciocínio desse tipo, produzido pelo curso dos acontecimentos, pela tendência de uma época. Em nossos tempos, é fácil mostrar uma correlação positiva entre quaisquer dois aspectos, como estes: número de estudantes de uma faculdade ou de pacientes de instituições para pessoas com transtornos mentais, tabagismo, incidência de doenças cardíacas, uso de máquinas de raios X, produção de dentaduras, salários de professores da Califórnia, lucro de cassinos em Nevada. Dizer que alguma dessas coisas causa outra é, evidentemente, uma tolice. Mas as pessoas fazem isso todos os dias.

Permitir que os tratamentos estatísticos e a presença hipnótica de números e casas decimais mistifiquem as relações causais não é muito melhor do que acreditar em superstições; muitas vezes, são ainda mais enganosos. É como a convicção entre os habitantes das Novas Hébridas de que os piolhos fazem bem à saúde. A observação ao longo de séculos lhes mostrara que pessoas com boa saúde geralmente tinham piolhos, e que indivíduos doentes com frequência não tinham. A observação em si era precisa e sólida, como surpreendentemente ocorre muitas vezes com observações feitas de maneira informal no decorrer

dos anos. Mas não se pode dizer o mesmo sobre a conclusão a que esse povo primitivo chegou a partir de suas evidências: piolhos tornam os homens saudáveis. Todos deveriam tê-los.

Conforme já vimos, evidências ainda mais escassas do que essa — processadas no moinho estatístico até que o bom senso não conseguisse mais penetrá-las — têm construído muitas fortunas na medicina e muitos artigos médicos em revistas, inclusive nas profissionais. Observadores mais qualificados finalmente esclareceram as coisas nas Novas Hébridas. Ocorre que quase todos os habitantes do local tinham piolhos na maior parte do tempo. Poderíamos afirmar que eram as condições normais. Quando, porém, alguém tinha febre (possivelmente transmitida pelos próprios piolhos) e seu corpo ficava quente demais para oferecer um lar confortável, os piolhos iam embora. Estão aí juntos a causa e o efeito, confusamente distorcidos, invertidos e emaranhados.

CAPÍTULO 9

Como estatisticular

DAR INFORMAÇÕES erradas às pessoas usando material estatístico é algo que pode ser chamado de manipulação estatística; em uma palavra (mesmo que não muito boa), é a estatisticulação.

O título deste livro e algumas informações que estão nestas páginas talvez insinuem que todas essas operações têm como intenção enganar. O presidente de uma seção da Associação Americana de Estatística certa vez me repreendeu por isso. Na maior parte do tempo não se trata de trapaça, disse ele, mas de incompetência. Pode haver algo importante no que ele diz,[1] mas não sei bem se uma

---

[1] Dizem que o escritor Louis Bromfield tem uma resposta pronta para pessoas críticas que lhe escrevem quando sua correspondência se torna extensa demais para que possa lhes dar atenção individualmente. Sem admitir nada e sem incentivar o envio de mais cartas, essa resposta satisfaz qua-

suposição será menos ofensiva para os estatísticos do que a outra. Possivelmente, algo mais importante para se levar em conta é que a distorção de dados estatísticos e sua manipulação com uma finalidade nem sempre são obra de profissionais. O que muitas vezes sai cheio de virtudes da mesa do estatístico pode, posteriormente, ser deformado, exagerado, simplificado em excesso e selecionado de modo distorcido por um vendedor, um especialista em relações públicas ou um redator publicitário.

Mas, seja quem for o culpado em qualquer caso, é difícil lhe conceder o status de inocente descuidado. Gráficos falsos em revistas e jornais com frequência são exagerados com fins de sensacionalismo, e raramente minimizam alguma informação. As pessoas que apresentam argumentos estatísticos a favor de uma indústria dificilmente são encontradas — pela minha experiência — oferecendo aos trabalhadores ou ao consumidor uma oportunidade melhor do que os fatos requerem, e muitas vezes lhes dão uma pior. Quando um sindicato empregou um estatístico incompetente a ponto de tornar a defesa dos trabalhadores mais fraca?

Enquanto os erros permanecem unilaterais, não é fácil atribuí-los a um trabalho malfeito ou a um equívoco.

---

se todo mundo. A frase-chave: "Pode haver algo importante no que você diz." Isso me lembra o pastor que conquistou grande popularidade entre as mães de sua congregação com comentários elogiosos aos bebês levados para batismo. No entanto, quando comparavam as observações, nenhuma delas conseguia se lembrar do que o homem dissera, apenas que tinha sido "algo bom". Acontece que o comentário invariável e radiante do pastor era: "Nossa! Isso é que é um bebê!"

COMO MENTIR COM ESTATÍSTICA 115

Uma das maneiras mais ardilosas de deturpar dados estatísticos é por meio de mapas. Eles apresentam um bom conjunto de variáveis em que os fatos podem ser ocultados e as relações, distorcidas. Meu exemplo favorito nesse campo é "A Sombra Escurecedora". O mapa foi distribuído há pouco tempo pelo First National Bank de Boston e reproduzido amplamente — pelos chamados grupos de contribuintes, por jornais e pela revista *Newsweek*.

O mapa mostra a porção de nossa renda nacional que hoje é arrecadada e gasta pelo governo federal. Isso é feito sombreando as áreas dos estados a oeste do Mississippi (à exceção apenas de Louisiana, Arkansas e parte do Missouri) para indicar que os gastos federais se tornaram iguais à renda total das pessoas desses estados.

O embuste está em escolher estados que têm área grande, mas, devido à baixa densidade, renda relativamente pequena. Com igual honestidade (e igual desonestidade), o autor do mapa poderia ter começado a sombrear Nova York ou a Nova Inglaterra e ficado com uma sombra bem menor e menos impressionante. Usando os mesmos dados, ele teria produzido uma impressão bem diferente na mente de qualquer pessoa que olhasse seu mapa. No entanto, ninguém teria se importado em distribuí-lo. Eu, pelo menos, não conheço nenhum grupo poderoso interessado em fazer os gastos públicos parecerem menores do que realmente são.

Se o objetivo fosse simplesmente transmitir informações, o autor poderia ter feito isso com facilidade, escolhendo um grupo de estados intermediários cuja relação

A SOMBRA ESCURECEDORA

(Estilo oeste)

(Estilo leste)

Para mostrar que <u>nós não</u> estamos trapaceando, acrescentamos, como um extra, MARYLAND, DELAWARE & RHODE ISLAND.

COMO MENTIR COM ESTATÍSTICA   117

entre a área total e a área do país fosse igual à relação entre sua renda total e a renda nacional.

O que transforma esse mapa em um esforço particularmente flagrante de enganar é o fato de esse truque de propaganda não ser novo. É uma espécie de clássico, ou uma piada antiga. O mesmo banco, muito tempo atrás, publicou versões desse mapa para mostrar os gastos federais em 1929 e em 1937, e logo apareceram em um livro-padrão, *Graphic Presentation*, de Willard Cope Brinton, como exemplos terríveis. Esse método "distorce os fatos", disse Brinton claramente. Mas o First National continua fazendo os mapas, e a *Newsweek* e as pessoas que deveriam ter mais discernimento — e provavelmente têm — continuam reproduzindo esse material sem advertência ou desculpas.

Qual é a renda média das famílias americanas? Conforme já observado, o Bureau of Census afirmou que foi de 3.100 dólares em 1949. Contudo, se você leu uma reportagem no jornal sobre "doações filantrópicas" elaborada pela Fundação Russell Sage, ficou sabendo que a renda, no mesmo ano, foi de notáveis 5.004 dólares. Você deve ter ficado satisfeito por saber que a população estava indo muito bem, mas pode também ter se impressionado com a enorme disparidade entre esse número e as suas próprias observações. Talvez você conheça as pessoas erradas.

Como podem a Russell Sage e o Bureau of Census chegarem a resultados tão discrepantes? O Bureau está falando em medianas, naturalmente, mas, mesmo que o pessoal da Sage esteja usando uma média aritmética, a di-

ferença não deveria ser tão grande. Acontece que a fundação descobriu essa prosperidade extraordinária produzindo o que só pode ser descrito como uma família falsa. O método usado, conforme a Sage explicou (quando uma explicação lhe foi solicitada), foi dividir a renda pessoal total do povo americano por 149 milhões para chegar a uma média de 1.251 dólares por pessoa, "que se transforma em 5.004 dólares em uma família de quatro pessoas", acrescentou a fundação.

Esse estranho exemplar de manipulação estatística exagera de duas formas. Usa a média aritmética, em vez da menor e mais informativa mediana — algo que discutimos em um capítulo anterior. E em seguida supõe que a renda de uma família está na proporção direta de seu tamanho. Hoje tenho quatro filhos e gostaria que as coisas fossem dispostas assim, mas não são. As famílias de quatro pessoas não têm, de modo algum, o dobro da riqueza das famílias de duas pessoas.

Como ganhar US$ 22.500 por ano (bruto)
1. Adquira pelo menos 1 (uma) esposa e 13 crianças.
2. Calcule a renda per capita dos EUA.
   (resposta: US$ 1.500 por ano, aprox.)
3. Multiplique por 15.
   (resp.: 15 x US$ 1.500 = US$ 22.500)

Para ser justo com os estatísticos da Russell Sage, que, até que se prove o contrário, não têm intenção de enganar, deve-se dizer que eles podiam estar interessados principalmente em dar uma imagem de doação, e não de recebimento. O número cômico para as rendas familiares foi apenas um subproduto. No entanto, espalhou o embuste com a mesma eficiência, e continua sendo um exemplo importante de por que não se pode confiar muito em uma declaração de média inadequada.

Para obter um ar espúrio de precisão que dá peso à mais infame das estatísticas, considere o uso de decimais. Pergunte a cem cidadãos quantas horas eles dormiram na noite anterior. Digamos que o total seja de 7,831. Qualquer dado assim está longe de ser preciso, para início de conversa. A maioria das pessoas errará sua suposição por quinze minutos ou mais, e não há qualquer garantia de que os erros vão se anular. Todos nós conhecemos alguém que lembrará de cinco minutos sem dormir como metade de uma noite se debatendo em insônia. Mas vá em frente, faça sua média aritmética e anuncie que as pessoas dormem, em média, 7,831 horas por noite. Você dará a impressão de saber pre-

TRABALHO E DESCANSO DE UMA CAMPONESA

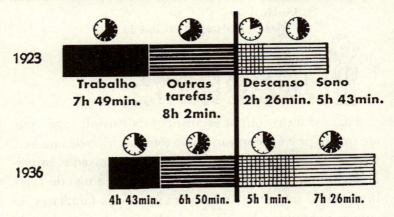

Gráfico adaptado do Instituto de Publicação Científica de Estatísticas Pictoriais (URSS)

cisamente do que está falando. Se cometesse a tolice de declarar apenas que as pessoas dormem 7,8 (ou "quase oito") horas por noite, não haveria nada de impressionante nisso. Pareceria tratar-se de uma aproximação fraca, não mais instrutiva do que a suposição de quase qualquer pessoa.

Karl Marx não escapou de alcançar um ar espúrio de precisão da mesma maneira. Para calcular a "taxa de mais--valia" em uma fábrica, ele começou com uma esplêndida coleção de suposições, palpites e números redondos: "Suponhamos que a perda seja de 6% (...) A matéria-prima (...) custa, em números redondos, £342. Os dez mil fusos (...) custam, vamos supor, £1 cada um (...) O desgaste colocamos em 10% (...) O aluguel do prédio supomos que seja de £300." Ele diz: "Os dados acima, nos quais se pode confiar, me foram oferecidos por um fiandeiro de Manchester."

A partir dessas aproximações, Marx calcula: "A taxa de mais-valia é, portanto, 80/52 = 153,8461%." Para um dia de dez horas, isso lhe dá: "Trabalho necessário = 3 31/33 horas; trabalho excedente = 6 2/33."

Há uma boa aura de exatidão nessas duas frações de 33 avos de horas, mas é tudo um blefe.

Os percentuais representam um campo fértil de confusão. E, assim como o sempre impressionante decimal, podem dar uma aura de precisão ao que é inexato. A *Monthly Labor Review*, do Departamento de Trabalho dos Estados Unidos, afirmou certa vez que 4,9% das ofertas de emprego doméstico de meio expediente com auxílio-transporte em Washington, durante um mês específico, pagavam 18 dólares por semana. Esse percentual, conforme se revelou, baseava-se precisamente em dois casos, considerando que o número total de ofertas havia sido de 41. Qualquer percentual que se baseie em um número pequeno de casos provavelmente será um embuste. É mais informativo oferecer o próprio número. E quando o percentual é levado ao campo dos decimais, passamos a percorrer a escala que vai do "tolo" ao "fraudulento".

"Compre seus presentes de Natal agora e economize 100%", anuncia uma propaganda. Isso soa como uma oferta digna de Papai Noel, mas se revela simplesmente uma confusão de base. A redução de preços é de apenas 50%. O valor economizado representa 100% do novo preço, é verdade, mas não é isso o que a oferta diz.

Da mesma forma, quando o presidente de uma associação de cultivadores de flores falou, em entrevista a um jornal, que "as flores estão 100% mais baratas do que há quatro meses", ele não quis dizer que os floristas agora as estavam distribuindo de graça. Mas foi o que declarou.

Em seu *History of the Standard Oil Company*, Ida M. Tarbell foi ainda mais longe. Ela afirmou que "a redução de preços no Sudoeste... variou de 14% a 222%". Isso exigiria que o vendedor pagasse ao comprador uma quantia considerável para transportar gasolina.

O jornal *Dispatch*, da cidade americana de Columbus, declarou que a venda de um produto manufaturado apresentava um lucro de 3.800%, baseando-se em um custo de 1,75 dólar e um preço de venda de 40 dólares. Ao calcular o percentual de um lucro, você escolhe o método (e é obrigado a indicá-lo). Se o percentual for calculado com base no custo, chega-se a um lucro de 2.185%; se tiver como

base o preço de venda, o lucro é de 95,6%. Aparentemente, o *Dispatch* usou um método próprio e, como parece acontecer com muita frequência, obteve um número exagerado para divulgar.

Até mesmo o *The New York Times* perdeu a Batalha da Base Mutável ao publicar uma reportagem da Associated Press em Indianápolis:

A depressão hoje sofreu um duro golpe por aqui. Encanadores, emboçadores, carpinteiros, pintores e outros filiados ao Sindicato dos Construtores de Indianápolis receberam um aumento de salário de 5%. Isso devolveu aos homens um quarto dos 20% de corte que eles tiveram no inverno passado.

COMO MENTIR COM ESTATÍSTICA 125

Essa informação parece razoável à primeira vista, mas a redução foi calculada sobre uma base — o salário que os funcionários estavam recebendo — e o aumento usa uma base menor: o nível do pagamento após o corte.

É possível verificar esse cálculo estatístico malfeito supondo, para simplificar, que o salário original era de 1 dólar por hora. Corte 20% e o salário cai para 80 centavos. Um aumento de 5% sobre isso seria de 4 centavos, que representam não um quarto, mas sim um quinto do corte. Assim como tantos erros presumivelmente honestos, este conseguiu, de algum modo, produzir um exagero, resultando em uma história melhor.

Tudo isso ilustra por que, para compensar um corte de 50%, você precisa ter um aumento de 100%.

O *The New York Times* também relatou certa vez que, durante um ano fiscal, a correspondência aérea perdida em incêndios "foi de 2.206 quilos, ou um percentual de apenas 0,00063". A reportagem afirmava que os aviões haviam transportado 3.499.801 quilos de correspondência durante aquele ano. Uma empresa de seguro que calcula seus índices dessa maneira pode ter muitos problemas. Calcule a perda e será possível verificar que foi de 0,063%, ou seja, cem vezes maior do que disse o jornal.

É a ilusão da base mutável que explica a malícia nos descontos a mais. Quando um revendedor de ferragens oferece "50% e 20% de desconto do total", ele não quer dizer um desconto de 70%. O corte é de 60%, já que os 20% são calculados sobre a base menor restante após o desconto de 50%.

Muitos deslizes e trapaças resultam do ato de somar informações que não fazem sentido, mas parecem fazer. Há gerações, crianças vêm usando um artifício similar para provar que não vão à escola.

Você provavelmente se lembra disso. Partindo dos 365 dias do ano, você pode subtrair 122 dias por conta da terça parte do tempo que passa dormindo, e mais 45 dias por conta das três horas que gasta se alimentando diariamente. Dos 198 restantes, retire noventa das férias de verão e uns vinte dos feriados. Os dias que restam não são suficientes nem para suprir os sábados e domingos.

Esse é um truque antigo e óbvio demais para ser utilizado em negócios sérios, você poderia dizer. Mas o Sindicato dos Trabalhadores da Indústria Automobilística insiste, em sua revista mensal, a *Ammuniton*, que isso ainda é usado contra eles.

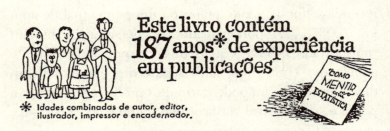

A mentira que se avista de longe surge também durante cada greve. Toda vez que há uma greve, a Câmara do Comércio anuncia que a paralisação está custando muitos milhões de dólares por dia.

Eles chegam a esse número somando todos os carros que teriam sido fabricados se os grevistas estivessem trabalhando em horário integral. Acrescentam as perdas dos fornecedores da mesma ma-

COMO MENTIR COM ESTATÍSTICA 127

neira. Tudo o que é possível é acrescentado, incluindo passagens de ônibus e a perda de vendas pelos comerciantes.

A noção similar e igualmente estranha de que percentuais podem ser somados tão livremente quanto maçãs tem sido usada contra escritores. Veja como parece convincente este caso, saído da *The New York Times Book Review*:

> A disparidade entre os preços cada vez mais altos dos livros e os ganhos dos autores se deve substancialmente, ao que parece, a custos mais elevados de produção e de material. Só os gastos com máquinas e fabricação subiram de 10% a 12% na última década, o material está de 6% a 9% mais caro, e as despesas com vendas e propaganda subiram 10%. Os aumentos combinados somam no mínimo 33% (para uma empresa) e quase 40% para algumas casas menores.

Na verdade, se cada item que faz parte do custo da publicação de um livro sofreu um aumento em torno de 10%, o custo total aumentou mais ou menos na mesma proporção. A lógica que permite somar esses aumentos percentuais pode levar a todo tipo de voo imaginativo. Compre vinte coisas hoje e descubra que o preço de cada uma delas aumentou 5% ao longo do ano passado. A "soma" disso dá 100%, e o custo de vida dobrou. Não faz sentido.

É mais ou menos como a história do vendedor de beira de estrada que foi chamado para explicar como conseguia vender sanduíches de coelho tão baratos. "Bem", disse ele, "tenho que pôr um pouco de carne de cavalo também. Mas eu misturo meio a meio: um cavalo, um coelho".

Uma publicação sindical usou uma charge para protestar contra outro tipo de soma injustificada. O desenho mostrava o chefe somando uma hora normal de 1,50 dólar a uma hora extra de 2,25 dólares e também a uma hora dobrada de 3 dólares, chegando a um salário médio de 2,25 dólares por hora. Seria difícil encontrar um exemplo de média que fizesse menos sentido.

Outro campo fértil para ser enganado está na confusão entre percentual e pontos percentuais. Se seu lucro deve subir de 3% sobre um investimento, em um ano, para 6% no ano seguinte, você pode fazê-lo parecer bem modesto considerando-o um aumento de três pontos percentuais. Com igual validade, você pode descrevê-lo como um aumento de 100%. Para perceber a maneira descuidada de lidar com essa dupla confusa, observe em particular as pesquisas de opinião.

COMO MENTIR COM ESTATÍSTICA

Os percentis também são enganosos. Quando alguém o informa do desempenho de Joãozinho em álgebra ou em outra matéria, comparado ao de seus colegas de sala, o número pode ser um percentil. Isso significa a classificação dele em relação a cada cem estudantes. Em uma turma de trezentos alunos, por exemplo, os três melhores estarão no percentil 99, os três seguintes no 98, e daí em diante. O estranho nos percentis é que um estudante com percentil 99 é provavelmente um pouco superior àquele que tem noventa, enquanto aqueles com percentil quarenta e sessenta podem ter um desempenho praticamente igual. Isso se deve ao hábito que muitas características têm de se agruparem em torno de suas próprias médias, formando a curva de sino "normal" que mencionamos em um capítulo anterior.

De vez em quando ocorre uma batalha de estatísticos, e até mesmo o observador menos sofisticado não pode deixar de farejar um erro. Os homens honestos conseguem um alento quando os estatisticuladores se enfrentam. O Conselho da Indústria Siderúrgica chamou atenção para algumas maracutaias que tanto as companhias quanto os sindicatos se permitiram fazer. Para mostrar como os negócios foram bons em 1948 (como evidência de que as empresas podiam bancar um aumento de salário), o sindicato comparou a produtividade naquele ano com a de 1939 — um ano de faturamento especialmente baixo. Já as empresas, para não serem ultrapassadas na corrida de embustes, insistiram em fazer suas comparações com base na quantia recebida pelos empregados, e não na média dos pagamentos por hora. O motivo disso era que o número de trabalhadores em meio expediente no ano anterior tinha sido tão grande que suas rendas com certeza haviam aumentado, mesmo que os salários não tivessem subido.

A revista *Time*, conhecida pela excelência consistente de seus gráficos, publicou um que é um exemplo divertido de como as estatísticas podem tirar da cartola quase tudo o que alguém quiser. Diante de uma escolha entre dois métodos igualmente válidos, um deles favorecendo o ponto de vista da gerência e o outro favorecendo os trabalhadores, a *Time* simplesmente usou ambos. O gráfico, na verdade, eram dois, um sobreposto ao outro. E utilizavam os mesmos dados.

Um deles mostrava salários e lucro em bilhões de dólares. Ficava evidente que as duas coisas estavam crescendo, mais ou menos na mesma proporção. E que os salários envolviam talvez seis vezes mais dólares do que o lucro. Parecia que a grande pressão inflacionária vinha dos salários.

A outra parte do gráfico duplo expressava as mudanças como percentuais de aumento. A linha dos salários era relativamente plana. A linha do lucro subia abruptamente. É de se deduzir que o lucro foi o principal responsável pela inflação.

Você podia escolher sua conclusão. Ou, ainda melhor, podia facilmente entender que não seria possível culpar nenhum dos dois elementos. Às vezes é um benefício substancial apenas indicar que um assunto polêmico não é tão simples quanto o fazem parecer.

Os números índices são vitais para milhões de pessoas agora que os salários com frequência estão atrelados a eles. Talvez valha a pena observar como fazê-los dançar conforme a música.

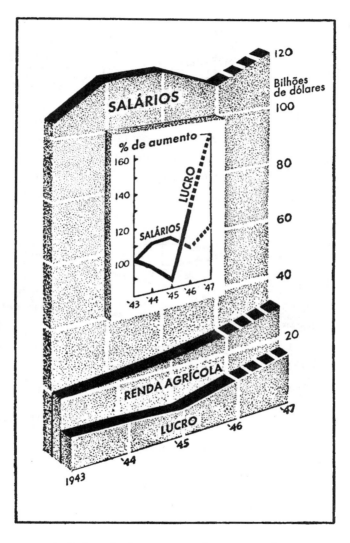

Redesenhado com a gentil permissão da revista Time
como exemplo de um gráfico que não mente.

Para dar o exemplo mais simples possível, digamos que no ano passado o leite custasse 20 centavos e um pão, 5 centavos. Este ano, o leite caiu para 10 centavos e o pão subiu para 10 centavos. Agora, o que você gostaria de provar? O custo de vida aumentou? O custo de vida diminuiu? Ou não houve mudança?

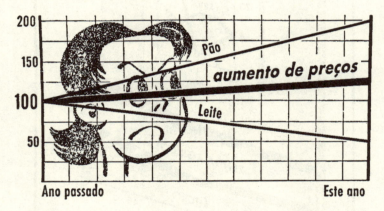

Considere o ano passado como o período-base, definindo os preços dessa época como 100%. Como depois disso o preço do leite caiu pela metade (50%), o do pão dobrou (200%) e a média de cinquenta mais duzentos é 125, os preços subiram 25%.

Tente de novo, considerando este ano o período-base. O leite custava 200% em relação a hoje e o pão era vendi-

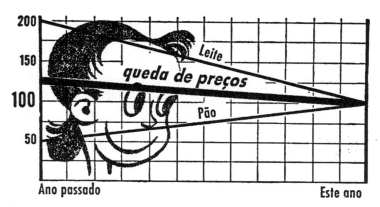

do por 50% do preço atual. Média: 125%. Os preços eram 25% mais altos do que são agora.

Para provar que o custo de vida não mudou nem um pouco, simplesmente trocamos para a média geométrica e usamos um dos períodos como base. Esta média é um pouco diferente da aritmética que temos usado, mas é um tipo de cálculo perfeitamente legítimo e, em alguns casos, o mais útil e revelador. Para conseguir a média geométrica de três números, você os multiplica entre si e tira a raiz cúbica. Para quatro itens, a raiz quarta; para dois, a raiz quadrada. Dessa maneira.

Tome o ano passado como base e chame seu nível de preço de cem. Na verdade, você multiplica os 100% de cada item pelo outro e tira a raiz, que é cem. Para este ano, com o leite a 50% do preço do ano passado e o pão a 200%, multiplique cinquenta por duzentos e vai obter dez mil. A raiz quadrada — que é a média geométrica — é cem. Os preços não subiram *nem* caíram.

O fato é que, apesar de sua base matemática, a estatística é tanto uma arte quanto uma ciência. Muitas manipulações e até mesmo distorções são possíveis dentro dos limites de sua propriedade. Com frequência, o estatístico precisa escolher entre métodos — um processo subjetivo — e encontrar aquele que usará para representar os fatos. Na prática comercial, é tão improvável selecionar um método desfavorável quanto um redator de publicidade chamar o produto de seu cliente de frágil e chinfrim quando poderia dizer leve e econômico.

Até mesmo alguém em um trabalho acadêmico pode ter uma propensão (talvez inconsciente) a favorecer, um argumento para provar, um motivo pessoal para agir de determinada forma.

Isso sugere que é bom analisar com bastante atenção fatos e números em jornais, livros, revistas e anúncios antes de aceitar qualquer um deles como corretos. Às vezes, um olhar cuidadoso melhora o foco. Mas rejeitar arbitrariamente métodos estatísticos também não faz nenhum sentido. É como se recusar a ler porque os escritores às vezes usam palavras para esconder fatos e relações, e não para revelá-los. Afinal, há não muito tempo um político na Flórida obteve uma vantagem considerável em uma eleição acusando seu oponente de "praticar o celibato". Em Nova York, um exibidor do filme *Quo Vadis* usou letras garrafais para citar o *The New York Times* chamando o filme de "pretensiosidade histórica". E os fabricantes de Craze Water Crystals, um remédio patenteado, anunciavam seu produto como um propiciador de "alívio rápido e efêmero".

CAPÍTULO 10
Como contestar uma estatística

ATÉ AGORA, venho lhe dirigindo a palavra como se você fosse um pirata que quer aprender a melhor maneira de usar sua espada. Neste capítulo conclusivo, abandonarei esse artifício literário. Enfrentarei o propósito sério que imagino estar implícito neste livro: explicar como encarar uma estatística falsa e derrubá-la; e, não menos importante, como reconhecer dados corretos e utilizáveis no meio dessa selva de fraudes à qual os capítulos anteriores em grande medida se dedicaram.

Nem todas as informações estatísticas que você vai encontrar podem ser testadas com a segurança de uma análise química ou a precisão de um laboratório de testes. No entanto, é possível espicaçar o assunto com cinco perguntas básicas e, ao encontrar as respostas, evitar aprender um monte de coisas que não são verdadeiras.

Quem está dizendo?

A primeira característica a procurar é a parcialidade — o laboratório que tem um ponto a ser provado para estabelecer uma teoria, uma reputação ou uma remuneração; o jornal cujo objetivo é uma boa história; os trabalhadores ou gerentes com um nível salarial em jogo.

Procure a tendenciosidade consciente. O método pode ser uma declaração falsa ou uma declaração ambígua que serve a mais de um efeito e não pode ser contestada. Ou também ser uma seleção de dados favoráveis e uma supressão de dados desfavoráveis. Unidades de medida podem ser trocadas, como acontece na prática de usar um ano para uma comparação e trocar por outro ano, mais favorável, em uma comparação diferente. Uma medida imprópria pode ser usada: uma média aritmética quando a mediana seria mais informativa (talvez até demais), sendo a trapaça encoberta pelo uso da "média" inadequada.

Procure com atenção a tendenciosidade inconsciente, que, com frequência, é mais perigosa. Nos gráficos e previsões de muitos estatísticos e economistas em 1928, a tendenciosidade inconsciente atuou para produzir feitos extraordinários. As falhas na estrutura econômica foram ignoradas com alegria, e todo tipo de evidência foi apresentado e estatisticamente sustentado para mostrar que havíamos entrado no caminho da prosperidade.

Talvez seja necessária pelo menos uma análise mais aprofundada para descobrir "quem está dizendo". O *quem* pode estar escondido pelo que Stephen Potter, autor de

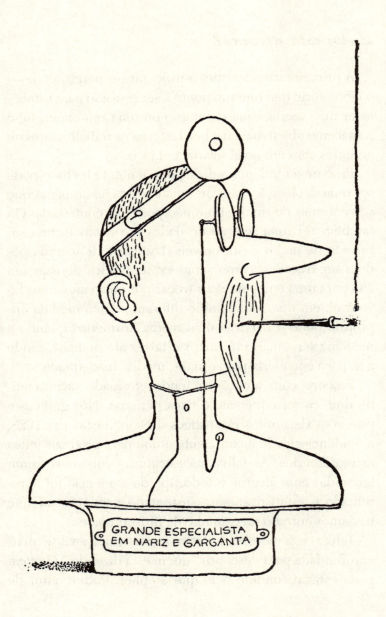

COMO MENTIR COM ESTATÍSTICA

Lifemanship, provavelmente chamaria de "nome ok". Qualquer coisa que esbarre na profissão médica é um nome ok. Laboratórios científicos têm nomes ok. Assim como faculdades e universidades, sobretudo as eminentes em trabalhos técnicos. O escritor que provou alguns capítulos atrás que o ensino superior compromete as chances de uma garota se casar fez bom uso do nome ok da Cornell. Por favor, observe que, embora os dados provenham da Cornell, as conclusões foram inteiramente do próprio autor. Mas o nome ok ajuda a dar a falsa impressão de que "a Universidade de Cornell afirma...".

Quando um nome ok for citado, certifique-se de que a autoridade esteja por trás da informação, e não apenas citada em algum lugar ao longo dela.

Pode ser que você tenha lido uma orgulhosa declaração do *Journal of Commerce*, de Chicago. A publicação havia feito uma pesquisa de opinião. Das 169 corporações que responderam à sondagem sobre preços abusivos e estocagem de mercadorias, dois terços afirmaram que estavam absorvendo aumentos de preços causados pela Guerra da Coreia. "A pesquisa mostra", disse o *Journal* (olhe com atenção sempre que encontrar essas palavras!), "que corporações fizeram exatamente o oposto daquilo que os inimigos do sistema americano de negócios as acusaram." Este é o momento óbvio de perguntar "Quem está dizendo?", já que o *Journal of Commerce* pode ser considerado uma parte interessada. Também é um momento esplêndido para fazer a segunda pergunta de nosso teste:

Como ele sabe?

Revelou-se que o *Journal* começara enviando seus questionários para 1.200 empresas de grande porte. Apenas 14% responderam. Oitenta e seis por cento das companhias não se importaram em dizer em público se estavam estocando ou não produtos ou cobrando preços abusivos.

O *Journal* dera uma cara extraordinariamente boa à situação, mas permanece o fato de que havia pouco do que se gabar. A questão se resumia ao seguinte: das 1.200 empresas ouvidas, 9% disseram que não haviam elevado os preços, 5% afirmaram que haviam aumentado e 86% não se pronunciaram. Aquelas que responderam constituíam uma amostra em que se podia suspeitar de parcialidade.

Cuidado com as evidências de uma amostra tendenciosa, que foi selecionada de maneira imprópria ou — como no caso em questão — selecionou-se por si mesma. Faça a pergunta que abordamos em um capítulo anterior: "A amostra é grande o bastante para permitir uma conclusão confiável?"

Aja da mesma maneira com uma correlação relatada: "Essa correlação é grande o bastante para fazer sentido? Há casos suficientes para resultar em algo relevante?" Você não pode, como leitor casual, aplicar testes de relevância

ou chegar a conclusões exatas sobre a adequação de uma amostra. No entanto, em muitas informações divulgadas você será capaz de dizer, ao dar uma olhada — uma boa e longa olhada, talvez —, que não havia casos suficientes para convencer qualquer pessoa que raciocine.

O que está faltando?

Nem sempre você saberá quantos casos foram considerados. A ausência desse dado, em particular quando a fonte é uma parte interessada, é suficiente para lançar suspeitas sobre a pesquisa toda. Da mesma forma, uma correlação apresentada sem uma medida de confiabilidade (erro provável, erro padrão) não deve ser levada muito a sério.

Se não for especificada, cuidado com a média em qualquer assunto em que se pode esperar que a aritmética e a mediana sejam substancialmente diferentes.

Muitos números perdem o sentido devido à falta de comparação. Um artigo da revista *Look* afirmou, em relação à síndrome de Down, que, "segundo mostra um estudo, em 2.800 casos, mais da metade das mães tinham 35 anos ou mais". Tirar algum sentido disso depende de o leitor saber algo sobre a idade em que as mulheres em geral dão à luz. Poucos de nós sabemos coisas assim. Eis um trecho da "Carta de Londres", da revista *New Yorker* de 31 de janeiro de 1953:

> Os números que o Ministério da Saúde recentemente publicou, mostrando que, na semana do grande fog, o índice de mortalidade na Grande Londres teve um salto de 2.800 casos, foram um choque para o público, acostumado a considerar os efeitos climáticos desagradáveis da Grã-Bretanha algo incômodo, mas não mortal (...) As propriedades letais extraordinárias desse especial visitante do inverno...

Mas qual *foi* o grau de letalidade desse visitante? Será que foi algo excepcional o índice de mortalidade ter sido mais alto do que o habitual em uma semana? Essas coisas variam. E o que houve nas semanas seguintes? Será que o índice caiu abaixo da média, indicando que, se o fog matou pessoas, foram em sua maioria aquelas que teriam morrido em pouco tempo de qualquer forma? O número parece impressionante, mas a ausência de outros dados remove a maior parte de seu significado.

Às vezes, os percentuais são apresentados e os números brutos não estão completos, e isso também pode levar a enganos. Muito tempo atrás, quando a Universidade Johns Hopkins passou a aceitar mulheres em suas turmas, uma pessoa não particularmente simpática à educação mista relatou algo realmente chocante: 33% das mulheres da Hopkins, ou um terço, haviam se casado com membros do corpo docente! Os números brutos mostravam um quadro mais claro: havia três mulheres matriculadas na época, e uma delas se casara com um professor.

Alguns anos atrás, a Câmara do Comércio de Boston escolheu suas Mulheres Americanas Empreendedoras. Anunciou-se que dezesseis delas, que também estavam no *Who's Who*, somavam "sessenta diplomas acadêmicos e dezoito filhos". Isso soa como um dado informativo a respeito do grupo, até descobrirmos que, entre elas, estavam a reitora Virginia Gildersleeve e a senhora Lillian M. Gilbreth. Essas duas tinham um terço dos diplomas citados. E a senhora Gilbreth respondia por dois terços dos filhos.

Uma corporação foi capaz de anunciar que suas ações estavam nas mãos de 3.003 pessoas, que tinham em média 660 ações cada uma. Isso era verdade. Era verdade também que três homens tinham três quartos dos dois mi-

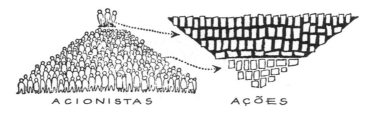

lhões de ações, e três mil pessoas compartilhavam o quarto restante.

Se você recebe um índice, questione o que está faltando ali. Pode ser a base, que tenha sido escolhida para gerar um resultado distorcido. Uma organização nacional de trabalhadores mostrou, certa vez, que os índices de lucro e produção tinham aumentado muito mais rapidamente após a Grande Depressão do que o índice de salários. Como um argumento para o aumento de salários, essa demonstração perdeu a força quando alguém desenterrou os dados que faltavam. Foi possível perceber que o lucro precisou aumentar mais rapidamente do que os salários — em percentual — apenas porque chegara a um ponto mais baixo, dando uma base menor.

Às vezes o que está faltando é o fator que ocasionou uma mudança. A omissão permite insinuar que outro fator — mais desejado por quem realizou a pesquisa — é o responsável. Em determinado ano, houve uma tentativa de mostrar, a partir de números publicados, que os negócios haviam melhorado, pois as vendas do mês de abril no varejo tinham sido maiores do que um ano antes. O que estava faltando indicar era o fato de que a Páscoa havia caído em março no ano anterior, e em abril no ano seguinte.

COMO MENTIR COM ESTATÍSTICA 145

Um relatório sobre um grande aumento no número de mortes por câncer nos últimos 25 anos é enganoso, a não ser que você saiba o quanto dessas mortes é resultado de fatores extrínsecos, como os seguintes: o câncer muitas vezes é citado, agora, em situações antes relatadas como "causas desconhecidas"; as autópsias são mais frequentes, oferecendo diagnósticos mais precisos; os relatórios e compilações de estatísticas médicas são mais completos; e as pessoas agora chegam com mais frequência a idades mais suscetíveis à doença. Além disso, se você estiver olhando o total de óbitos, e não o índice de mortalidade, não negligencie o fato de que hoje há mais pessoas do que havia antes.

Alguém mudou de assunto?

Ao analisar uma estatística, tome cuidado se em algum lugar houver uma troca entre o número bruto e a conclusão. Muitas vezes uma coisa é divulgada como sendo a outra.

Conforme já indicado, mais casos relatados de uma doença nem sempre equivalem a mais casos da doença. A vitória de um candidato prevista em uma pesquisa de intenção de votos nem sempre corresponde ao resultado nas urnas. Uma preferência por artigos sobre assuntos internacionais expressada por uma "parcela" dos leitores de uma revista não é uma prova definitiva de que eles leriam os artigos se fossem publicados.

O número de casos de encefalite relatados no Vale Central da Califórnia em 1952 foi três vezes maior do que a pior marca até então. Muitos moradores alarmados deixaram a região com os filhos. No entanto, quando foi feita a contagem, não tinha havido nenhum grande aumento no número de mortes pela doença. A verdade é que muita gente da área de saúde dos governos federal e estadual se mobilizara para lidar com esse problema antigo; como resultado de seus esforços, registraram-se muitos casos brandos que em outros anos haviam sido omitidos, e possivelmente nem sequer identificados.

Tudo isso faz lembrar o modo como Lincoln Steffens e Jacob A. Riis, jornalistas de Nova York, criaram certa vez uma onda de crimes. A seção policial nos jornais alcançou tamanha proporção — tanto em números quanto em espaço e destaque — que o público exigiu uma ação das autoridades. Theodore Roosevelt, como presidente da Comissão Policial reformada, ficou seriamente constrangido. Pôs fim à onda de crimes simplesmente pedindo a Steffens e Riis que parassem com aquilo. Tudo acontecera apenas porque os repórteres, liderados pela dupla, haviam iniciado uma disputa para ver quem descobria mais roubos e outros delitos. Os registros policiais oficiais não mostravam nenhum aumento nos índices de criminalidade.

"Os britânicos do sexo masculino com mais de cinco anos tomam banho quente, em média, 1,7 vez por semana no inverno e 2,1 vezes no verão", apontou uma reportagem de jornal. "As mulheres britânicas, em média, tomam 1,5 banho por semana no inverno e 2,0 no verão." A fonte é uma pesquisa de opinião sobre água quente feita pelo Ministério do Trabalho em "seis mil lares britânicos representativos". A amostra é representativa, diz a pesquisa, e parece bastante adequada em tamanho para justificar a conclusão da divertida manchete publicada pelo *Chronicle* de São Francisco: NA GRÃ-BRETANHA, ELES TOMAM MAIS BANHO DO QUE ELAS.

Os números informariam mais se houvesse alguma indicação do tipo de média usado, se aritmética ou mediana. Porém, o grande ponto fraco é que ocorreu uma alteração de assunto. O que o ministério realmente descobriu foi a frequência com que as pessoas diziam tomar banho, e não a frequência com que de fato o faziam. Quando o assunto é tão íntimo quanto este, envolvendo a tradição britânica de tomar banho, dizer e fazer podem não ser a mesma coisa. Na Grã-Bretanha, eles podem ou não tomar banho com mais frequência do que elas; tudo o que pode ser concluído com total segurança é que eles dizem que tomam.

Eis mais alguns tipos de mudança de assunto com os quais se deve tomar cuidado.

Um movimento de retorno à agricultura foi identificado quando um censo mostrou que havia meio milhão a mais de fazendas em 1935 do que cinco anos antes. Mas as duas contas não estavam falando da mesma coisa. A definição de fazenda utilizada pelo Bureau of Census tinha mudado: incluía pelo menos trezentas mil fazendas que não haviam sido listadas como tal de acordo com a definição de 1930.

Coisas estranhas surgem quando os números se baseiam no que as pessoas dizem — mesmo sobre algo que parece objetivo. Relatórios do censo mostraram mais pessoas de 35 anos, por exemplo, do que de 34 ou 36. O resultado enganoso decorre do fato de um membro da família, ao relatar a idade dos outros, não saber ao certo as idades e tender a arredondá-las para um múltiplo de cinco que lhe for familiar. Uma maneira de contornar isso: pergunte, em vez da idade, a data de nascimento.

A "população" de uma extensa área da China era de 28 milhões de habitantes. Cinco anos depois, passou a 105 milhões. Muito pouco desse aumento era real; a grande diferença podia ser explicada levando-se em conta os propósitos dos dois levantamentos e o modo como as pessoas tendiam a se sentir por serem contadas em cada caso. O primeiro censo tinha objetivos fiscais e militares, e o segundo era para acabar com o problema da fome.

Algo do mesmo tipo aconteceu nos Estados Unidos. O censo de 1950 encontrou mais pessoas no grupo etário de 65 a setenta anos do que havia na faixa de 55 a sessenta anos na década anterior. A diferença não podia ser atribuída à imigração. Em sua maior parte, talvez fosse resultado de uma falsificação da idade em larga escala por pessoas ansiosas em receber a previdência social. Também é possível que algumas idades do grupo mais novo tivessem sido diminuídas por vaidade.

Outro tipo de mudança de assunto é representado pela reclamação de William Langer de que "poderíamos pegar um prisioneiro em Alcatraz e instalá-lo no Waldorf-Astoria pagando menos...". O senador da Dakota do Norte estava se referindo a declarações anteriores de que custava 8 dólares por dia manter um prisioneiro em Alcatraz, "o custo de um quarto num bom hotel de São Francisco". Houve uma mudança de assunto do custo total da manutenção (em Alcatraz) para o aluguel único de quartos de hotel.

A variedade *post hoc* do absurdo pretensioso é outra maneira de mudar o assunto sem parecer fazê-lo. A alteração de uma coisa *para* outra é apresentada como sendo *por causa* dela. A revista *Electrical World* publicou, certa

vez, um gráfico composto em um editorial sobre "O que a eletricidade significa para os Estados Unidos". Pelo gráfico, era possível ver que, assim como a "potência elétrica nas fábricas" havia aumentado, o mesmo ocorrera com "a média de salários por hora". Ao mesmo tempo, "a média de horas por semana" diminuíra. Todas essas coisas são tendências de longa data, é claro, e não há nenhuma evidência de que alguma delas tenha provocado qualquer uma das outras.

E ainda há os "primeiros". Quase todo mundo pode alegar ser o primeiro em *algo*, se não for muito específico em relação ao assunto. No fim de 1952, dois jornais de Nova York insistiam estar em primeiro lugar nos anúncios de comestíveis. Os dois estavam corretos, de certo modo. O *World-Telegram* explicou que era o primeiro em anúncios publicados em todas as suas edições diárias — o único tipo que o jornal veiculava. Já o *Journal-American* insistiu que o número total de linhas dos anúncios era o que contava, e que nesse aspecto era o primeiro. Essa é a espécie de busca pelo superlativo que leva um repórter de previsão do tempo no rádio a rotular um dia bastante normal de "o 2 de junho mais quente desde 1949".

A mudança de assunto dificulta comparar custos quando você pensa em pegar dinheiro emprestado diretamente ou na forma de uma compra a prestação. Os 6% parecem ser 6%, mas podem não ser.

Se você faz um empréstimo de 100 dólares em um banco com juros de 6% e o paga em prestações mensais iguais durante um ano, o preço cobrado pelo uso do dinheiro é de aproximadamente 3 dólares. Mas outro empréstimo a

COMO MENTIR COM ESTATÍSTICA 151

6%, sobre uma base de 6 dólares para 100 dólares, custará o dobro. Assim se calculam a maioria dos financiamentos de automóveis. É algo bastante enganador.

O problema é que você não tem os 100 dólares para um ano. Ao fim de seis meses, devolveu metade desse valor. Se lhe cobram 6 dólares sobre 100, ou 6% dessa quantia, você na verdade paga juros de quase 12%.

Pior ainda foi o que aconteceu em 1952 e 1953 com alguns compradores desatentos de planos de alimentos congelados. Foi-lhes apresentado um número de 6% a 12%. Pareciam juros, mas era um valor sobre cada dólar e, o pior de tudo, o prazo com frequência era de seis meses, e não de um ano. Doze dólares sobre 100 dólares do dinheiro a ser devolvido regularmente ao longo de um semestre se tornam algo como 48% de juros reais. Não é de se admirar que tantos clientes tenham ficado devendo e tantos planos de alimentos tenham falido.

Às vezes, a abordagem semântica é usada para mudar de assunto. Eis um item da revista *BusinessWeek*:

Os contadores concluíram que "superavit" é uma palavra desagradável. Eles propõem eliminá-la dos balancetes das empresas. A Comissão para Procedimentos Contábeis do Instituto Americano de Contadores diz: "Use termos descritivos como 'ganhos retidos' ou 'apreciação de ativos fixos'."

Já o texto a seguir provém de uma reportagem de jornal que relata os rendimentos recorde da Standard Oil e seu lucro líquido de 1 milhão de dólares por dia:

Possivelmente os diretores pensam em dividir em algum momento o estoque de ações, pois pode haver uma vantagem (...) se o lucro por ação não parecer tão grande...

Isso faz sentido?

Essa pergunta muitas vezes reduz à metade uma estatística quando todo o vocabulário se baseia em uma suposição não comprovada. Pode ser que você conheça a fórmula de legibilidade de Rudolf Flesch, que visa medir quão fácil é a leitura de um texto em prosa por meio de itens simples e objetivos, como o tamanho das palavras e das frases. Assim como todos os artifícios para reduzir o imponderável a um número e substituir a aritmética por um julgamento, esta é uma ideia atraente. Pelo menos atraiu pessoas que empregam redatores, como editores de jornais, ainda que não muitos dos redatores em si. A premissa da fórmula é de que coisas semelhantes ao tamanho das palavras determinam a legibilidade. Isso, para ser implicante, ainda precisa ser provado.

Um homem chamado Robert A. Dufour usou a fórmula de Flesch para testar uma literatura que considerava acessível. O teste mostrou que a leitura de *A lenda do cavaleiro sem cabeça* tinha a metade da dificuldade da leitura de *A República*, de Platão. O romance *Cass Timberlane*, de Sinclair Lewis, foi classificado como mais difícil do que um ensaio de Jacques Maritain, "The Spiritual Value of Art". Essa foi boa!

Muitas estatísticas se mostram falsas logo de cara. Só passam porque a magia dos números provoca uma suspen-

COMO MENTIR COM ESTATÍSTICA 153

são do bom senso. Leonard Engel, em um artigo para a *Harper's*, listou algumas do tipo médico:

Um exemplo é o cálculo de um renomado urologista segundo o qual há oito milhões de casos de câncer de próstata nos Estados Unidos — o que seria suficiente para dar 1,1 próstata cancerosa a cada homem do grupo etário suscetível! Outro é a estimativa de um proeminente neurologista de que um em cada doze americanos sofre de enxaqueca; como a enxaqueca é responsável por um terço dos casos de dor de cabeça crônica, isso significaria que um quarto de nós sofre de dores de cabeça incapacitantes. Outro ainda é o número de 250 mil, frequentemente apresentado para se referir à esclerose múltipla; os dados sobre mortes indicam, felizmente, que não pode haver no país mais de trinta mil ou quarenta mil casos dessa doença paralisante.

Audiências sobre emendas à Lei de Previdência Social têm sido assombradas por várias formas de uma afirmação que só faz sentido quando não é analisada de perto. Trata-se de um argumento que diz mais ou menos o seguinte: como a expectativa de vida é de apenas 63 anos, é uma vergonha e uma fraude estabelecer um plano de previdência social com aposentadoria aos 65 anos, porque praticamente todo mundo morre antes disso.

Você pode contestar essa afirmação olhando as pessoas que conhece. A falácia básica, porém, é que o número se refere à expectativa de vida ao nascer e, portanto, mais ou menos metade dos bebês nascidos pode esperar viver mais do que isso. O número, por acaso, é da mais recente e completa tábua de mortalidade oficial, e é correto para o período de 1939 a 1941. Uma estimativa atualizada o corrige para mais de 65 anos. Talvez isso produza um novo e igualmente bobo argumento no sentido de que praticamente todo mundo agora vive até os 65 anos.

O planejamento pós-guerra em uma grande empresa de aparelhos elétricos estava indo muito bem alguns anos atrás, baseando-se em uma taxa de natalidade cada vez menor, algo que era dado como certo havia muito tempo. Os planos recomendavam uma ênfase em aparelhos de capacidade pequena, em geladeiras de tamanho adequado para apartamentos. Até que um dos planejadores teve um ataque de bom senso: deixou de lado seus gráficos por tempo suficiente para notar que ele mesmo, seus colegas de trabalho, amigos, vizinhos e ex-colegas de turma tinham, com poucas exceções, três ou quatro filhos, ou planejavam tê-los. Isso levou a investigações e à elaboração de gráficos com a mente mais aberta — e a empresa logo passou a enfatizar, de maneira mais lucrativa, os modelos grandes para famílias.

O número incrivelmente preciso é outra coisa que contradiz o bom senso. Um estudo relatado em jornais de Nova York anunciou que uma mulher trabalhadora morando com sua família precisava de um salário semanal de 40,13 dólares para contribuir satisfatoriamente com as despesas. Qualquer pessoa que não suspenda todos os seus processos lógicos ao ler o jornal perceberá que o custo mínimo de sobrevivência não pode ser calculado até o último centavo. Mas há uma tentação terrível: "40,13 dólares" dão muito mais impressão de conhecimento do que "aproximadamente 40 dólares".

COMO MENTIR COM ESTATÍSTICA   155

Você tem o direito de olhar com a mesma suspeita o relatório feito alguns anos atrás pela Comissão Americana das Indústrias de Petróleo, segundo o qual a média anual de impostos sobre automóveis era de 51,13 dólares.

As extrapolações são úteis, particularmente naquela forma de adivinhação chamada previsão de tendências. No entanto, ao olhar os números ou os gráficos feitos a partir disso, é necessário se lembrar constantemente de uma coisa: a "tendência até o momento" pode ser um fato, mas a tendência futura não representa nada além de uma suposição fundamentada. Nela estão implícitas as observações "se todo o restante continuar igual" e "se as tendências atuais permanecerem as mesmas". E de algum modo todo o restante se recusa a permanecer igual, do contrário a vida seria, de fato, chata.

Para uma amostra do absurdo inerente à extrapolação sem controle, considere a tendência da televisão. O número de aparelhos de TV em lares americanos aumentou em torno de 10.000% de 1947 a 1952. Projete isso para os próximos cinco anos e, por essa lógica, logo haverá alguns bilhões de TVs ou — Deus queira que não — quarenta aparelhos por família. Se quiser ser ainda mais insensato, comece com um ano-base anterior a 1947 para avaliar a situação geral da televisão, e você poderá muito bem "provar" que logo cada família terá não quarenta, mas quarenta mil televisores.

Um pesquisador do governo, Morris Hansen, chamou a previsão da Gallup para as eleições de 1948 — que alardeava a vitória de Thomas Dewey sobre Harry Truman — de "o erro estatístico mais divulgado da história da humani-

dade". Foi, porém, um modelo de precisão comparado a algumas de nossas estimativas mais usadas de população futura, que provocaram gargalhadas em todo o país. Em 1938, uma comissão presidencial repleta de especialistas duvidou que a população dos Estados Unidos algum dia chegasse a 140 milhões; apenas doze anos mais tarde, já

COMO MENTIR COM ESTATÍSTICA   157

havia 12 milhões a mais do que isso. Há livros escolares publicados recentemente que ainda preveem um pico de população de não mais do que 150 milhões e calculam que só em torno de 1980 se chegará a esse número. Tais subestimações temerosas resultam da suposição de que uma tendência continuará sem que haja mudanças. Uma suposição semelhante, feita há um século, foi igualmente ruim, mas na direção oposta, pois presumiu uma continuação do índice de crescimento populacional de 1790 a 1860. Em sua segunda mensagem ao Congresso, Abraham Lincoln previu que a população dos Estados Unidos chegaria a 251.689.914 habitantes em 1930.

Não muito tempo depois, em 1874, Mark Twain resumiu o lado absurdo da extrapolação em *Life on the Mississipi*:

No intervalo de 176 anos, o baixo Mississippi encurtou 242 milhas. Essa é uma média insignificante de pouco mais de uma milha e um terço por ano. Portanto, qualquer pessoa calma, que não seja cega ou idiota, é capaz de perceber que, no antigo período Oolítico Siluriano, apenas um milhão de anos antes de novembro próximo, o baixo rio Mississippi tinha mais de 1.300.000 milhas e se projetava sobre o golfo do México como uma vara de pescar. Pela mesma indicação, qualquer pessoa pode ver que, daqui a 742 anos, o baixo Mississippi terá apenas uma milha e três quartos de comprimento, e as cidades do Cairo e de Nova Orleans terão unido suas ruas, progredindo confortavelmente juntas sob um único prefeito e um conselho de vereadores mútuo. Há algo de fascinante na ciência. Obtém-se um retorno tão substancial de conjecturas com um investimento tão insignificante de fatos.

Sobre o autor

Nascido em Gowrie, Iowa, em 1913, Darrell Huff era escritor e jornalista. Produziu diversos artigos do tipo "Como fazer" e escreveu seis livros, muitos dos quais dedicados a projetos para casa. Um de seus grandes projetos foi uma construção premiada em Carmel-by-the-Sea, Califórnia, onde morou até a morte. *Como mentir com estatística* foi publicado na década de 1950 e se tornou um dos maiores clássicos no assunto, tendo vendido mais de 1,5 milhão de livros desde então.

Sobre o ilustrador

Nascido em 1908, em Nova York, Irving Geis estudou arquitetura, belas-artes, design e pintura. Antes de ser conhecido por seu trabalho em *Como mentir com estatística*, o artista construiu uma carreira dedicada às ilustrações científicas, sobretudo no ramo da bioquímica. Faleceu em 1997, aos 88 anos.

1ª edição	MAIO DE 2016
reimpressão	JANEIRO DE 2025
impressão	BARTIRA
papel de miolo	PÓLEN BOLD 70 G/M²
papel de capa	CARTÃO SUPREMO ALTA ALVURA 250 G/M²
tipografia	NEW CALEDONIA